大环化合物
与农药的超分子组装及应用

肖　昕　吴　剑　马　跃　
　　　　王成会　李　青　编著

科 学 出 版 社

北 京

内 容 简 介

本书阐述了除草剂、杀虫剂和杀菌剂等农药的过度使用对环境的危害；大环化合物（如环糊精、杯[n]芳烃、瓜环和柱[n]芳烃，其中 n 代表重复单元数）与各类农药分子的超分子自组装作用，以及这些超分子组装体在农药快速识别和检测等方面的应用。重点介绍每类农药的结构，大环化合物的主客体特性，以及它们与各类农药形成的组装体，这些组装体在降低农药毒性、实现农药缓释、增强药效、提高检出限度等方面具有广阔的应用前景。书中还针对性地介绍了快速有效识别和检测各类农药的体系、毒性、必要剂量及分析方法。

本书可供化学及相关的资源与环境、生命科学、医学、农药学等专业的研究生、科研人员及教师参考阅读。

图书在版编目（CIP）数据

大环化合物与农药的超分子组装及应用 / 肖昕等编著. —北京：科学出版社，2024.3

ISBN 978-7-03-077328-9

Ⅰ. ①大… Ⅱ. ①肖… Ⅲ. ①大环化合物-应用-农药残留量分析 Ⅳ. ①X592.02

中国国家版本馆 CIP 数据核字（2024）第 000709 号

责任编辑：贾 超 / 责任校对：杜子昂
责任印制：徐晓晨 / 封面设计：东方人华

科学出版社 出版
北京东黄城根北街 16 号
邮政编码：100717
http://www.sciencep.com
北京中石油彩色印刷有限责任公司印刷
科学出版社发行 各地新华书店经销
*
2024 年 3 月第 一 版 开本：720×1000 1/16
2024 年 3 月第一次印刷 印张：9 3/4
字数：200 000
定价：98.00 元
（如有印装质量问题，我社负责调换）

前　言

　　农药在控制农业虫害和其他相关用途方面已被证明至关重要，但农药的过度使用对环境极其有害。近年来，除草剂、杀虫剂和杀菌剂等农药在农业上的应用越来越广泛，不同类型的农药积聚在土壤、河流等环境中，不仅对野生动物构成了威胁，而且对人类健康也有很大的危害。迫切需要可以安全使用所需农药的方法，需要开发能够快速有效识别和检测此类农药的体系，寻找能够降低毒性、必要剂量并使农药递送更有针对性的方法显然是非常有必要的。

　　大环化合物是一系列具有重复单元结构的环状低聚物，经典的大环化合物包括环糊精、杯[n]芳烃、葫芦[n]脲和柱[n]芳烃（n 代表重复单元数）。鉴于其独特的主客体结合能力，大环化合物通常作为与特定客体分子组装成超分子聚合物的主体被应用在吸附材料、药物传递载体、催化剂和分子识别体系等领域。例如，大环主体分子被广泛用于包封疏水性药物分子，以提高药物的溶解度和利用效率。农药是近年来在农业方面用途增加的一类潜在宿主分子，包括除草剂、杀虫剂和杀菌剂，而鉴于使用量的增加，有必要开发出能够快速有效地识别和检测这类农药的系统。

　　本书主要介绍葫芦[n]脲、柱[n]芳烃、杯[n]芳烃、环糊精等在该领域的应用，以及它们与除草剂、杀虫剂和杀菌剂形成主客体化合物的能力，特别是这类体系改善农药毒性和释放的能力以及实际应用的潜力，共六章，具有以下特点。

1. 全面介绍利用一些现有的大环化合物所表现出的主客体结合能力来实现农药的检测。通过图表展示运用在农药分子领域的各种大环化合物的使用次数；每种农药的结构；通过利用这些大环化合物的主客体特性，对农药检测达到的检出限度，让与使用农药有关的危害得到降低或被控制，对环境友好有很大的益处。

2. 按照大环的类型逐一阐述，首先介绍农药与瓜环、柱芳烃、杯芳烃、环糊精的超分子组装作用，然后在每个部分中，又分成了例如有机磷或有机氯等农药类型来进行叙述。

3. 重点词汇采用中英文对照，简单易懂，便于理解英文文献。

4. 本书介绍一些新的知识点及分析方法，起到抛砖引玉的作用；对农药的种类、使用方法、注意事项起到科普效果，使读者对环境保护理念有更深的理解。

5. 本书适用于分析化学、无机化学、有机化学、农药学专业的硕士、博士研究生及教师参考用书，同时也可作为与化学相关的资源与环境、生命科学、医学等专业师生及科研人员的参考用书。

6. 本书收集整理了近年来国内外关于葫芦[n]脲、柱[n]芳烃、杯[n]芳烃、环糊精在快速有效地识别和检测农药领域的文献资料，并列出了主要参考文献，便于读者了解行业研究情况并相互讨论，为后续的学习和研究提供帮助。

本书由肖昕、吴剑、马跃、王成会、李青执笔，马培华、白青鸿整理。书中涉及的学科多，范围广，鉴于笔者水平有限，书中难免有不妥之处，敬请专家、同行、读者批评指正并提出宝贵意见。

编著者

2024 年 1 月

目　　录

第1章

绪　论

农药是农用药物的简称。《中华人民共和国农药管理条例》中规定，农药是指"用于预防、消灭或者控制危害农业、林业的病、虫、草和其他有害生物以及有目的的调节植物、昆虫生长的化学合成或者来源于生物、其他天然物质的一种物质或者几种物质的混合物及其制剂"。农药（包括除草剂、杀虫剂和杀菌剂）是一类在增加农业方面用途广泛的潜在客体分子，然而，近年来随着农业生产中使用的农药量增加，对环境造成了危害，许多不同类型的农药积聚在土壤、河流等环境中，不仅威胁到野生动物，而且对人类健康也造成了危害[1,2]。因此，有必要开发出能够安全使用所需农药的方法，开发出能够快速有效地识别和检测这类农药的技术[3]。

1.1　农药分析的内容和任务

农药分析有两大类：一是原药和制剂分析（包括理化性质分析、化学定量分析），属于常量分析；二是残留量分析，属于微量分析。农药残留量分析的难点在于样品前处理复杂，样品中农药含量极低，对方法的灵敏度要求高，能检测出微量农药即可，对方法的准确度和精密度要求不严格，回收率在100%±20%范围内就行。而农药常量分析的重点在于方法的准确度和精密度，要求测量值与真值接近，重复测定结果一致，对方法的灵敏度要求不高，因为制剂中农药含量较高，通常有百分之几，所以，农药常量分析对农药的生产和使用具有重要意义。

农药工厂通过对中间体和产物的分析，可以控制和改进合成过程，保证产品质量。农药产品分析是工厂、检定部门和生产资料部门进行质量管理的主要手段，也是监测农药储存变化、改善制剂性能和应用技术等方面的必要方法。农药分析还是农药合成、加工、应用等科学研究的基础。本书主要介绍农药微量分析部分。

1.2　农药分析方法研究进展

农药分析方法的发展与农药的历史和分析化学的进步有关。早期使用无机农药时，主要用重量法和滴定法测定含量。20世纪50年代使用有机氯农药时，将农药中的氯水解为无机离子，用银量法、电位滴定法或重量法测定总氯。这些类似元素分析的方法简单易行，不需特殊仪器，但方法缺乏特异性，易受杂质或辅助剂的干扰，操作烦琐，耗时长。在有机磷农药分析中，还用了比色法或可见光分光光度法。

60 年代开始使用紫外和红外分光光度法，这些方法操作简便、灵敏度高，还可以确证化合物，目前仍是常用方法之一。对于含有芳香基团和杂环的农药，可以直接用紫外分光光度法测定，红外光谱法可以根据特征吸收峰的强度测定农药含量。粉剂、可湿性粉剂或颗粒剂等制剂的样品制备简单，测定快速准确，方法具有特异性，但红外光谱仪价格高，灵敏度低，样品需量大，目前已很少用于定量分析，主要用于鉴定农药结构。此外，极谱法也适用于有可还原和氧化基团的农药分析。

以上所述的方法都不能分离杂质，只能测定单一成分，只适用于有效成分含量高的农药；我国有些原药中有效成分含量低，只有 60%~70%，杂质含量高，测定时易受到干扰，误差大，因此，现在都采用薄层色谱法先将农药与杂质分离后再测定。我国各部门研究出了一系列薄层色谱化学法、薄层色谱电位滴定法等，这些方法可以有效地分离杂质，准确地测定成分，符合农药常量分析的要求，适用于质量检验，在基层单位缺乏专用仪器和标准样品时也有一定实用价值。此外薄层色谱比色法和薄层色谱紫外分光光度法等也可以用于多种农药的常量分析。

60 年代后期气相色谱法广泛应用于农药分析中，混合样品经过色谱柱后可以分离为单个组分，并通过检测器检测，在农药分析中可以有效地分离杂质，并且具有选择性好、灵敏度高、样品处理简单等特点。使用内标物可以提高气相色谱法的精密度。程序升温、衍生化技术、各种不同性能的色谱柱（尤其是窄径毛细管色谱柱）等技术的应用使得几乎所有的农药都可以用气相色谱法测定。最新技术的突破是高效液相色谱法的开发和应用。液相色谱柱不仅可以分离杂质，而且分离是在室温或较低温度下进行，几乎所有的农药都可以用此法测定。对于热稳定性差和不易挥发的农药，省去了气相色谱法必需的衍生化步骤，特别适用于那些难以用气相色谱法测定的农药。液相色谱法的最大限制是检测器的灵敏度不如气相色谱法，但在农药原药和制剂分析中灵敏度不是重要的。

在最近几年新的分析方法中，高效液相色谱法已占很大比重，使用固定进样环和自动进样装置，使高效液相色谱法测定结果的重现性可达到气相色谱内标法的水平。目前这两种方法是农药常量分析中最常用的方法，约占 90%以上，两者形成了有效的相互补充，具有相当的准确度和精密度，一种方法测出的结果，可以用另一种方法来确证。

近十年来被普遍关注的一个研究热点是利用一些已有的大环化合物所表现出的主客体结合能力来实现农药的检测[4,5]。具有此理想性质的大环化合物包括葫芦[n]脲[6,7]、柱[n]芳烃[8]、杯[n]芳烃[9]和环糊精[10]，它们是大环家族中相对较新的成员，因其独特的主客体结合能力，常作为与特定客体分子组装成超分子聚合物的主体，在吸附材料、药物传递载体、催化剂和分子识别体系等领域有广泛的应用。例如，大环主体分子可以包封疏水性药物分子，从而提高药物的溶解度和利用效率。图 1-1 给出了本书中涉及的大环化合物，包括瓜环、柱芳烃、杯芳烃、环糊精及其衍生物的数量，与大环化合物相互作用的农药分子数量。利用这些大环化合物的主客体特性，不仅可以检测出非常低浓度的农药，而且可以将形成的包合物作为毒性较低的递送剂，在不降低农药作用模式及强度的情况下，可以降低或控制使用农药的相关危险，这对环境大有裨益。

　　瓜环空腔可与农药形成稳定的主客体包合物，这类主客体复合物不仅表现出比母体农药更低的毒性，而且保留了很强的除草活性。当用于检测农药时，这些主客体体系可以对特定农药具有高选择性、低检测限（低至 ng/mL）、抗干扰能力强、可以循环多次使用的特性，同时主客体包合物也有助于提高农药的溶解度、改善农药与各种活性表面的相容性，并减缓农药分解等。

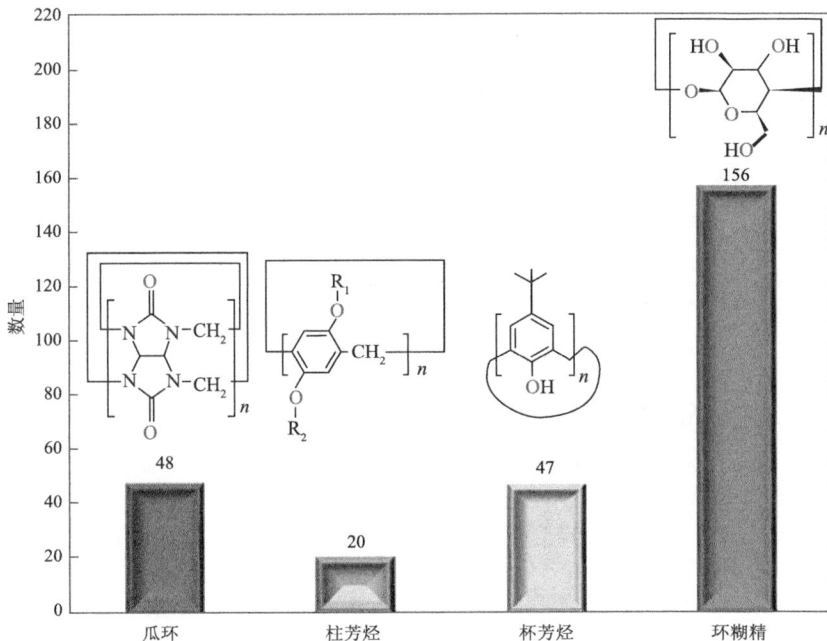

图 1-1　不同类型大环化合物与不同农药分子相互作用的数量关系图

1.3　农药质量评价

农药质量的评价需要准确、易行的分析方法，也需要相应的质量标准。标准是相应机构对农药的质量规格和检验方法等所作的技术规定。国际上有"联合国粮农组织"（FAO）和"世界卫生组织"（WHO）两种农药标准。我国目前实行的有国家标准、地方标准和企业标准。制定标准时附有各项指标的测定方法，测定方法是否准确，直接影响到标准的合理性，也就是影响农药的质量，因此测定方法是正确执行标准的基础。

农药质量的评价主要从两个方面来进行：一是有效成分含量是否与标准上规定的含量一致，二是物理化学性质是否符合标准上的要求。这些指标根据原药及各种制剂（如粉剂、可湿性粉剂、乳油和颗粒剂等）的特性而有不同规定，如细度、悬浮率、润湿性、乳化性、乳液稳定性、含水量和酸（碱）度等。

有效成分含量是保证药效的重要因素，有效成分含量不足，很难达到防治效果。劣质农药的主要特点是有效成分含量低，甚至没有。如有的所谓 2.5% "敌杀死"，实际有效成分为零；50%甲胺磷乳油，仅有 0.8%～1%。如在制剂中混有其他农药而造成药害的事例也时有发生，如有的工厂加工分装农药时，在杀虫剂中混入除草剂如 2,4-滴丁酯造成大面积药害。此外，有的农药产品在贮藏过程中会逐渐分解，使有效成分含量下降，特别是有机磷农药粉剂，加工过程中若不加入适当稳定剂，分解率会很高。如 2.5%乐果粉剂贮藏两年，可分解 50%以上；又如敌敌畏乳油等在贮藏过程中都有一定的分解。所以对各类农药制剂中有效成分的检测是至关重要的。现在，卫生用气雾剂在我国发展很快，为避免煤油的臭味，当前都用醇或水作为溶剂，这些制剂中有效成分的稳定性也是一个问题。

有效成分含量达到要求，如果产品的理化性能很差，药剂也不能充分发挥作用。粉剂标准中理化性能指标有细度、水分和 pH 值。我国产品的细度往往达不到要求（95%通过 200 目）。可湿性粉剂标准中的指标有悬浮率、润湿性、水分、pH 值等。悬浮率是重要的指标，如悬浮性能不好，药剂颗粒沉降下去，喷药时浓度不一致而影响药效，还可能造成药害，堵塞喷头。乳油标准中乳化性和乳液稳定性是重要的指标，我国已能生产高效能的乳化剂，使乳油类农药的乳液稳定性基本上达到要求，其他如胶悬剂的悬浮率，颗粒剂的脱落率，颗粒大小均是应该控制的指标。为了保证农药的使用效果，必须检测加工制剂的质量，通常至少应保证两年有效期（个别特殊农药例外），两年内各项指标都应合格。为及早了解制剂的稳定性，要进行热贮藏稳定性试验，即通过测定短期高温贮藏时的分解率，来预测常温下的分解率。

本书是根据农药质量检验和分析方法进展两个方面内容进

行编排的，要求读者在学习分析化学、物理化学、有机化学、仪器分析和农用药剂学的基础上学习本书。读者通过理论学习和基本操作训练，基本掌握农药检验分析工作以及具备分析和解决实际工作中存在问题的能力。

第2章

农药与瓜环的超分子组装

瓜环（cucurbit[*n*]uril，缩写为 CB[*n*]s 或 Q[*n*]s）是由苷脲与甲醛混合后在酸催化下缩合而成的一类大环化合物。正如预期的那样，瓜环空腔尺寸随着苷脲单元数的增加而增大（见图 2-1）。瓜环晶体结构表明，空腔的直径通常在 4.4～12.6 Å 之间，体积

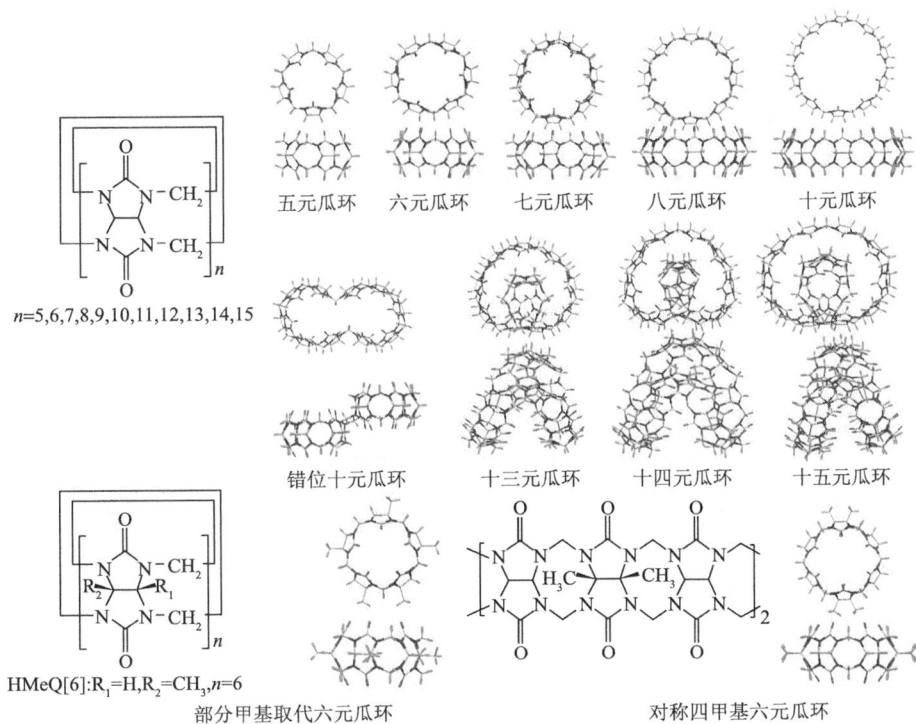

n=5,6,7,8,9,10,11,12,13,14,15

五元瓜环　六元瓜环　七元瓜环　八元瓜环　十元瓜环

错位十元瓜环　十三元瓜环　十四元瓜环　十五元瓜环

HMeQ[6]:R$_1$=H,R$_2$=CH$_3$,*n*=6

部分甲基取代六元瓜环　　　　对称四甲基六元瓜环

图 2-1　瓜环的晶体结构图

在 81～901 Å^3 之间[11]。在瓜环主客体化学中，疏水空腔起着核心作用。本章将按瓜环空腔尺寸不同（主要为 Q[6]、Q[7] 和 Q[10]）来探讨其与农药的超分子自组装，瓜环在农药检测中的应用，希望为涉足瓜环与农药主客体化学研究的读者提供一些有用的信息。

2.1 农药与六元瓜环的应用研究

2.1.1 噻菌灵与六元瓜环的应用研究

噻菌灵（thiabendazole，TBZ，图 2-2）是水果和蔬菜中广泛使用的抗真菌和寄生虫剂，能与六元、七元瓜环（Q[6]、Q[7]）以及对称四甲基六元瓜环（symmetric tetramethyl-cucurbit[6]uril，TMeQ[6]）在水溶液中形成主客体复合物[12]。

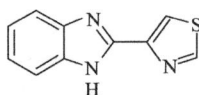

图 2-2　噻菌灵（TBZ）的结构

紫外-可见吸收光谱和荧光光谱分析表明，在 pH=6.5 时，Q[6]、Q[7] 和 TMeQ[6] 与 TBZ 能够形成 1∶1 的主客体复合物。利用紫外-可见吸收光谱数据计算出结合常数分别为 $K_{a\,(Q[6]\text{-}TBZ)}=(5.37\pm1.05)\times10^4$ L/mol，$K_{a\,(Q[7]\text{-}TBZ)}=(7.76\pm0.51)\times10^4$ L/mol，$K_{a\,(TMeQ[6]\text{-}TBZ)}=(1.28\pm0.78)\times10^4$ L/mol。进一步根据荧光光谱数据同时计算出其结合常数分别为：$K_{a\,(Q[6]\text{-}TBZ)}=(1.47\pm0.41)\times$

10^4 L/mol，$K_{a\,(Q[7]\text{-}TBZ)}$＝（9.36±0.22）×10^4 L/mol，$K_{a\,(TMeQ[6]\text{-}TBZ)}$＝（2.69±0.55）×$10^4$ L/mol。值得关注的是，在中性介质中，Q[n]的引入对 TBZ 的荧光具有增强作用，TBZ 的浓度在（6.0×10^{-8}）～（8.0×10^{-6}）mol/L 范围内，荧光强度变化量与 TBZ 的浓度呈线性关系。常见离子（Fe^{3+}、Al^{3+}、SO_4^{2-}等）对 Q[n]-TBZ 体系的干扰较小。其检出限在（5.51～8.85）×10^{-9} mol/L 范围内。用该方法对自来水和河水等实际样品进行可行性分析，结果表明，该方法具有良好的回收率，可用于不同水环境中农药残留的检测。

　　后来，编者课题组通过核磁共振氢谱研究了 TMeQ[6]、间六甲基六元瓜环（m-hexamethyl-substituted cucurbit[6]uril，HMeQ[6]）以及 Q[7]与 TBZ 的包结模式。研究表明，Q[7]能够包结 TBZ 的苯并咪唑部分，而 TMeQ[6]和 HMeQ[6]则包结噻唑环部分[13]。相溶解度法研究表明，TBZ 的溶解度随 TMeQ[6]、HMeQ[6]或 Q[7]浓度的增加而增加。重要的是，主客体复合物的形成增强了 TBZ 对禾谷镰刀菌生长的抑制作用，进而证明 Q[n]-TBZ 复合物的形成能够提高 TBZ 的抗真菌活性。

2.1.2　多菌灵与六元瓜环的应用研究

　　多菌灵（carbendazim，CBZ）是苯并咪唑类杀菌剂（图 2-3），广泛应用于叶面、种子和土壤真菌的处理。Al-Rawashdeh[14]和他的合作者研究 CBZ 与 Q[6]的相互作用时发现，Q[6]能与 CBZ 形成 1∶1 的主客体复合物，在 Q[6]的作用下，CBZ 的荧光表现出增强（×10）和蓝移[（～11±1）nm]。这一现象可能是多菌灵进入瓜环的疏水性空腔，从而减少了激发态和基态之间的能隙导致的。利用 Benesi-Hildebrand 方程计算出 25℃时 K_a=（271±10）mol/L。同时利用 Van't Hoff 法并结合 K_a 计算相关热力学常数，获得主客体的 ΔH 和 ΔS 值分别为–15.455 kJ/mol 和–5.66 kJ/mol。表明多菌灵与 Q[6]的相互作用是焓驱动，相关的焓变主要来源于多菌灵与六元瓜环碳基之间的离子-偶极作用。利用 ^{1}H NMR 考察了 Q[6]与 CBZ 的包结模式，发现 CBZ 的甲基和酰胺酯部分向高场移动，表明它进入了 Q[6]空腔。该作用模式与差示扫描量热法得出的结果一致。

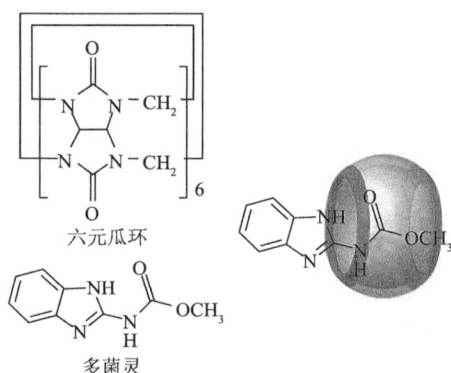

图 2-3　六元瓜环与多菌灵的结构式及其相互作用示意图

2.1.3　麦穗灵与六元瓜环的应用研究

麦穗灵（fuberidazole，FBZ）是一种低毒杀菌剂（图 2-4），主要用于小麦穗期蚜虫的防治。研究组探讨了 FBZ 与 Q[n]（n=6,7,8）在 pH=2.5 的盐酸中的相互作用[15]，该研究主要是利用等温滴定量热法、紫外-可见吸收光谱和核磁共振波谱法研究

Q[n]s（n=6、7 或 8）与 FBZ 作用后 pK_a 值的变化和对禾谷镰刀菌活性的影响。研究结果表明，Q[n]s 与 FBZ 形成包合物后能增加其溶解度，并改变了 pK_a 值，Q[6,7]与 FBZ 形成主客体复合物后降低了禾谷镰刀菌活性，而 Q[8]与 FBZ 形成主客体复合物后却增强禾谷镰刀菌的活性。

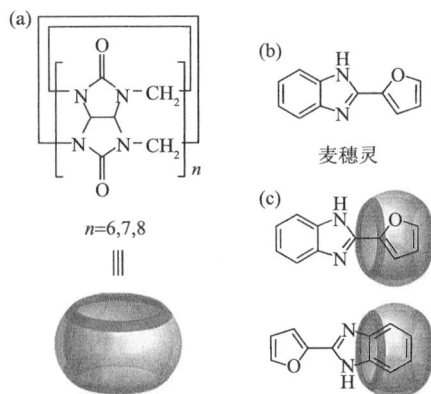

图 2-4　（a）瓜环示意图；（b）麦穗灵结构式；（c）瓜环与麦穗灵的相互作用示意图

2.1.4　6-苄氨基嘌呤与六元瓜环的应用研究

6-苄氨基嘌呤（6-benzyladenine，6-BA，图 2-5），具有抑制植物叶内叶绿素、核酸、蛋白质分解的作用，被广泛用作植物生长调节剂。研究组利用 ^{1}H NMR 和紫外-可见吸收光谱法考察了 Q[7]、TMeQ[6]和 HMeQ[6]与 6-BA 在水溶液中的主客体相互作用[16]。核磁滴定实验结果表明，Q[7]、TMeQ[6]和 HMeQ[6]均包结 6-BA 的苯基部分，受到瓜环空腔的屏蔽作用，形成了作用比为 1∶1 的主客体复合物。进一步利用紫外-可见吸收光谱数据计算出结合常数，分别是 Q[7]@6-BA 为（5.63±0.26）×10^4 L/mol，

TMeQ[6]@6-BA 为（1.94±0.17）×10^3 L/mol，TMeQ[6]@6-BA 为（2.89±0.23）×10^3 L/mol。与相溶解度图中得到的结合常数 Q[7]@6-BA（1.29±0.24）×10^4 L/mol，TMeQ[6]@6-BA（3.20±0.17）×10^3 L/mol，TMeQ[6]@6-BA（3.52±1.01）×10^3 L/mol 相近。根据相溶解图可以看出，6-BA 的溶解度随瓜环浓度的增加而增大。此外，通过不同温度下的结合常数和热力学常数表明 Q[n]s@6-BA 相互作用主要是焓驱动，主要焓变来自于瓜环空腔的疏水作用和范德瓦耳斯力。更重要的是，研究表明 Q[n]s 与 6-BA 形成包合物提高了 6-BA 的溶解度。

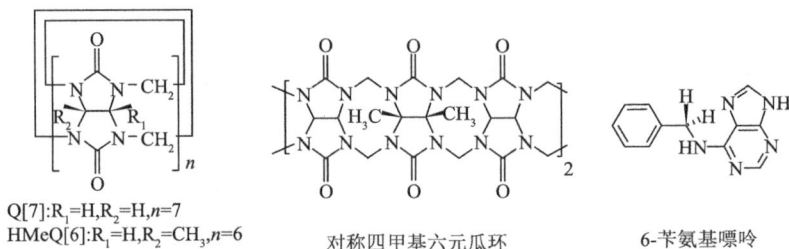

Q[7]:R_1=H,R_2=H,n=7
HMeQ[6]:R_1=H,R_2=CH$_3$,n=6

对称四甲基六元瓜环

6-苄氨基嘌呤

图 2-5　Q[7]、HMeQ[6]、TMeQ[6]和 6-苄氨基嘌呤的结构式

2.2　农药与七元瓜环的应用研究

2.2.1　百草枯、敌草快与七元瓜环的应用研究

百草枯（paraquat，PQ，图 2-6）是使用非常广泛的有机杂环类除草剂，对人体健康和生态环境具有极大的危害。显然，研发具有降低和抑制百草枯毒性的体系是非常必要的。如 Wang 和他的合作者利用 Q[7]与 PQ 形成的包合物（PQ@Q[7]）来抑

制 PQ 的毒性。将该包合物应用到细胞实验中，发现细胞对 PQ 的吸收降低，活性氧的产生和细胞的凋亡也呈降低趋势。进一步将 PQ@Q[7]应用于斑马鱼和小鼠的存活率实验，结果表明，与游离 PQ 相比，PQ@Q[7]超分子体系对斑马鱼肝脏的毒性更低，存活率更高。同时 PQ@Q[7]包合物的小鼠毒性实验结果也表明其毒性比 PQ 更低，这些研究均表明 Q[7]在生物体系中发挥的有益作用。值得关注的是，与游离 PQ 相比，PQ@Q[7]体系并没有降低除草剂的活性，因此，引入瓜环对 PQ 在除草剂的安全使用上具有很大的潜力[17]。

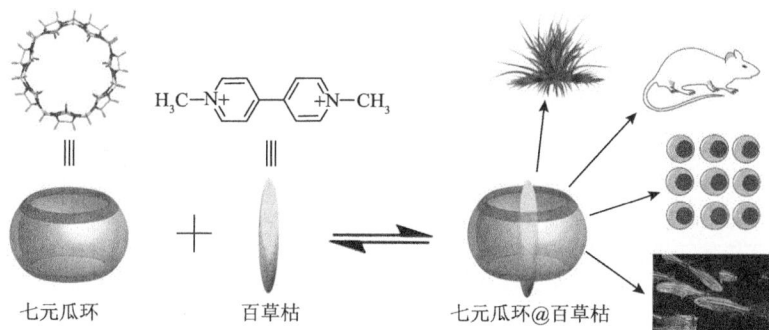

图 2-6　七元瓜环、百草枯、七元瓜环与百草枯组装体示意图

敌草快（diquat，DQ^{2+}，图 2-7）和百草枯（PQ^{2+}）都是二价阳离子存在的季铵盐化合物，可用作干燥剂和除草剂。Kaifer 等研究了 DQ^{2+} 及 PQ^{2+} 与 Q[7，8]的相互作用发现 $Q[8]@DQ^{2+}$（K_a=4.8×10^4 L/mol）的结合能力强于 $Q[7]@DQ^{2+}$（K_a =350 L/mol）。在 Q[7]或 Q[8]存在的情况下，循环伏安法表明，被还原后带一个电子的客体（如 DQ^+）对 Q[n]s 表现出更高的结合能力。从主体分子和客体分子的结构以及 ^{1}H NMR 谱图可以看出，Q[8]

具有较大的空腔，能够完全包结 DQ^{2+} 形成包合物，而 Q[7] 则部分包结 $DQ^{2+[18]}$。总体而言，不同瓜环对同一客体的主客体作用模式是不同的，进而体现出瓜环空腔的重要性。

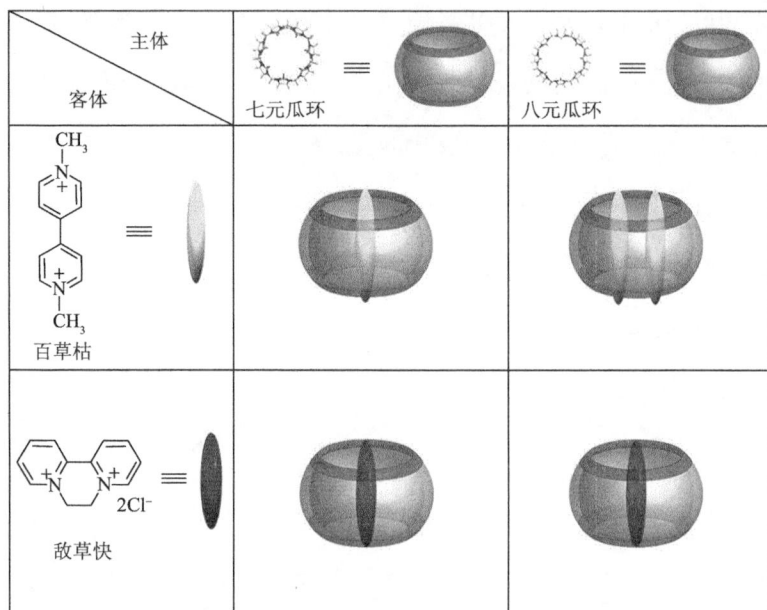

图 2-7 七元瓜环、八元瓜环与百草枯、敌草快的相互作用模式图

随着对瓜环研究的深入，瓜环与荧光客体分子形成的超分子体系用于农药分子的检测也逐渐增多。如 Xing 和他的合作者利用 Q[7] 和吖啶橙（AO）形成超分子荧光探针用于水溶液中百草枯的检测[19]。由于 Q[7] 与 AO 形成包合物后，体系的荧光大大增强，当向该 Q[7] 与 AO 包合物体系中添加百草枯时则导致体系荧光猝灭。该超分子体系的荧光强度变化量和百草枯浓度在（3～800）$\times 10^{-9}$ mol/L 范围内呈线性关系，其检出限为 1.61×10^{-9} mol/L。

Yao 等也研发出一种由 Q[7] 和异喹啉生物碱（COP）组装

的超分子荧光探针用于百草枯的检测[20]。研究发现，Q[7]与 COP 能够形成 1∶1 的主客体复合物 Q[7]@COP，随着 PQ 的加入，主客体复合物 Q[7]@COP 的荧光猝灭。该超分子荧光探针对百草枯的检测具有快速、灵敏度高、选择性好等优点，且检出限能够达到 ng/mL。此外，通过加标的方法，预测该荧光探针用于检测溪水和湖水中百草枯的可行性，结果显示该方法回收率在 96.73%～105.77%之间，表明该方法用于检测百草枯具有一定的可行性。

2.2.2　多菌灵与七元瓜环的应用研究

Fatiha 等人[21]通过密度泛函理论考察了 Q[7]与多菌灵（CBZ）之间相互作用，研究表明，Q[7]能够包结 CBZ 的苯并咪唑或氨基甲酸酯部分，形成两种作用模式。紫外-可见吸收光谱分析的结果表明，这两种作用模式中 CBZ 和 Q[7]之间发生了电荷转移，形成了电荷转移复合物。课题组也考察了半甲基取代瓜环（HMeQ[7]）对 2-（4-噻唑基）苯并咪唑[2-（4-thiazolyl）benzimidazole，TBZ]、呋喃基苯并咪唑（fuberidazole，FBZ）和 N-（2-苯并咪唑基）-氨基甲酸甲酯（carbendazim，CBZ）等杀菌剂溶解度的影响[22]。这三种杀菌剂在结构上均含有苯并咪唑基团，并且在水中的溶解度有限，在核磁谱图上各质子峰的信号很弱。但是，随着 HMeQ[7]的加入，可以观察到各质子峰发生了变化，信号越来越明显，表明 HMeQ[7]与这三种农药发生了作用，且在一定程度上促进了它们在水中的溶解度。

Pozo 等利用 Q[7]与多菌灵（CBZ）组装体的荧光信号强弱变化来检测柑橘中 CBZ 的含量[23]。Q[7]与 CBZ 的作用模式和 Q[6]体系类似，但 Q[7]-CBZ 体系的荧光强度比 Q[6]-CBZ 高。进一步测定了 Q[7]-CBZ 体系在不同 pH（1~12）下荧光强度的变化，结果表明，在 pH=4 时荧光最强。为了降低离子-偶极相互作用的影响，该体系使用浓度为 10^{-4} mol/L 的醋酸-醋酸钠缓冲溶液，固定 CBZ 的浓度，改变 Q[7]的浓度测量体系的荧光光谱，并根据荧光光谱数据计算出主客体作用比为 1：1 和 2：1，检出限为 5.0×10^{-9} mol/L。为了验证该方法的可行性，采用基质固相分散法制备样品，测量得 RSD（%）（$n = 3$）为 5%。对实际样品检测的 LOD 和 LOQ 值分别为 0.10 mg/kg 和 0.52 mg/kg，表明该方法具有较高的灵敏度。Koner 等通过核磁共振氢谱、紫外-可见吸收光谱和荧光光谱法考察了一系列含有苯并咪唑基团的杀菌剂和驱虫药[阿苯达唑（albendazole，ABZ）、卡苯达嗪（carbendazim，CBZ）、噻苯达唑（thiabendazole，TBZ）、呋喃基苯并咪唑（fuberidazole，FBZ）、苯并咪唑（benzimidazole，BZ）]与 Q[7]的主客体相互作用（图 2-8）[24]，这些农药分子主要应用于柑橘类、香蕉、番茄等水果的储存和动物（猫、狗）钩虫的去除。研究表明，这 5 种苯并咪唑类农药与 Q[7]作用后其 pK_a 值增加，质子化后与 Q[7]具有更强的结合能力（例如，质子化的 ABZ 与 Q[7]的结合常数 K_a=2.6×10^7 L/mol，未被质子化的 ABZ 与 Q[7]的结合常数 K_a=6.5×10^4 L/mol）。与游离客体相比，形成的主客体复合物在水中的溶解度也明显增加（例如，游离的 ABZ 和 ABZ-Q[7]，从 $3.0×10^{-6}$ mol/L 增加到 $3.0×10^{-4}$ mol/L），采用 β-环糊精代替 Q[7] 与 ABZ 作用也能使其溶解度增大 5 倍。此外，在 pH 为 2.4 时，将 Q[7] 与这几种农药分子形成的主客体复合物在紫外灯下照射同样的时间后发现，主客体复合物的形成使客体分子的分解速度减慢（例如，FBZ-Q[7]体系的分解速度就慢约 7 倍）。

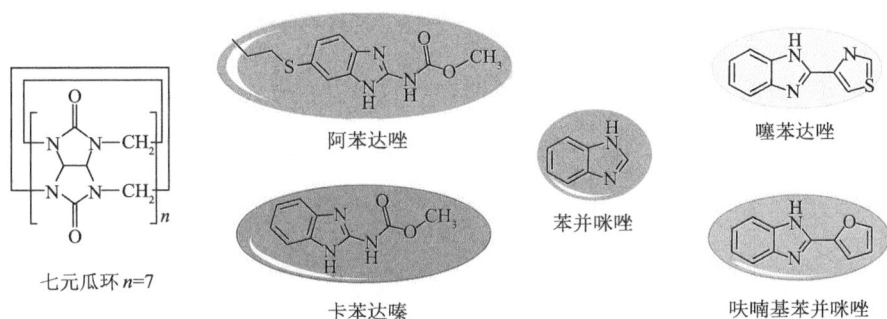

图 2-8　七元瓜环、阿苯达唑、卡苯达嗪、噻苯达唑、呋喃基苯并咪唑及苯并咪唑的结构式

Kim 等也通过量化计算表明 Q[7] 与 CBZ 的结合能力与体系的 pH 有关[25]。该方法主要是先固定体系的 pH 值，然后将分子动力学模拟与实验数据、热力学积分计算相结合，在计算中正确分配质子化后的客体，开发出一个能通过 pH 预测自由能（结合自由能）的方法。

2.2.3　杀螟丹与七元瓜环的应用研究

杀螟丹（cartap，CP）属于中等毒性杀虫剂，在亚洲等地区已经使用了几十年。在水溶液中，CP 不具有荧光，可以通过

Q[7]与黄藤素（palmatine，PAL）形成的超分子荧光探针来测定水溶液中的 CP。当加入 CP 到 Q[7]@PAL 体系中时，体系荧光发生猝灭[26]。荧光强度变化量与 CP 浓度在 0.009～2.4 μg/mL 范围内呈现良好的线性关系，其检出限为 0.0029 μg/mL。量化计算结果表明，客体分子 PAL 的甲氧基异喹啉部分被封装进 Q[7]的空腔，而杂环部分的氮原子与 Q[7]端口的碳基氧通过氢键作用结合，因此导致 PAL 的荧光增强。在常见干扰物质（如双硫胺甲酰、丁酰肼等）存在的情况下，Q[7]-PAL 体系的荧光几乎无明显变化。进一步验证干扰物质（如叶酸、淀粉等）对 Q[7]-PAL 体系检测 CP 的干扰情况，发现 Q[7]-PAL 超分子荧光探针对 CP 具有良好的选择性。为了验证该方法的可行性，Wu 等采用加标回收法测试了卷心菜和大米样品中的 CP 含量。平行测定 6 次，回收率在 87.4%～103%之间，得出的 CP 浓度值与 Jin 等的测定值相近[27]。

2.2.4　沙蚕毒素与七元瓜环的应用研究

沙蚕毒素（nereistoxin，NTX）是甲脒类衍生物杀虫剂，可用于防治水稻、蔬菜、甘蔗、果树等多种作物上的虫害，因而广泛用于农作物杀虫。Zhang 等利用 Q[7]与盐酸巴马汀（palmatine，PAL）构筑的超分子荧光探针（Q[7]-PAL）用于水溶液中 NTX 的检测。研究表明，NTX 会竞争出 Q[7]空腔中的 PAL，从而导致体系荧光猝灭，进一步发现 NTX 和 Q[7]能够形成作用比为 1∶1 的主客体复合物。结合常数为 K_a=（1.40±0.15）×10^5 L/mol[28]。

2.3　农药与八元瓜环的应用研究

2.3.1　百草枯与八元瓜环的应用研究

　　β-吲哚乙酸[（1H-indol-3-yl）acetic acid，IAA]不仅是一种常见的植物生长素，还可用于植物病害真菌的防治。编者课题组利用紫外-可见吸收光谱法、荧光光谱法、核磁共振波谱以及等温滴定量热法考察了 IAA 与 Q[8]在水溶液中的主客体相互作用，研究表明，Q[8]@IAA 为作用比为 1∶1 的主客体复合物，结合常数 K_a=（3.22±0.96）×10^5 L/mol，而 Q[8]@PQ^{2+}体系的结合常数 K_a=（3.90±0.91）×10^6 L/mol，两者与 Q[8]的结合能力相差不大，当引入 PQ^{2+}到 Q[8]@IAA 体系中时，体系荧光强度降低。这一现象的出现可能是由于 IAA 是富电子体，PQ^{2+}是缺电子体，PQ^{2+}和 IAA 均被包结进入 Q[8]的空腔，形成作用比为 1∶1∶1 的三元复合物（图 2-9）[29]。

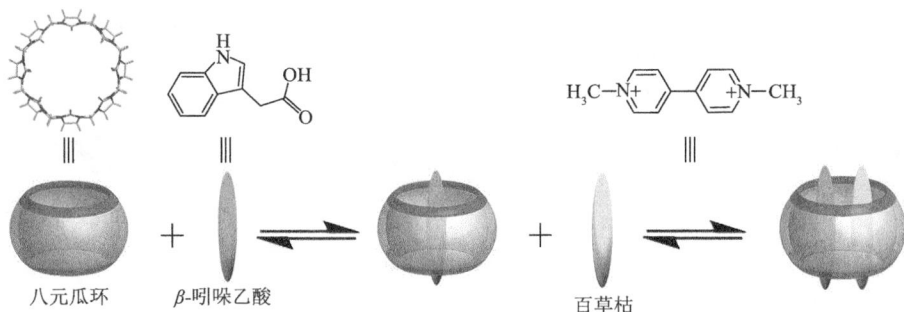

图 2-9　八元瓜环、β-吲哚乙酸、百草枯的相互作用示意图

众所周知，Q[8]具有较大的空腔，Chen 等发现 Q[8]能够与荧光分子芘的衍生物(N-烯丙基-1-吡基苯乙基盐酸铵(N-allyl-1-pyrenemethylammonium hydrochloride，APA$^+$) 形成主客体复合物，使得体系荧光强度下降，当在该体系中引入百草枯（PQ^{2+}）时，体系荧光进一步降低，并在紫外-可见吸收光谱图上出现一个新的电荷转移吸收带，因此利用该体系的荧光变化可以实现对百草枯的检测[30]。Rajgariah 等利用核磁共振波谱法和等温滴定量热法考察了 20 种常见氨基酸与 Q[8]的主客体相互作用，研究表明，Q[8]与色氨酸（Trp）、苯丙氨酸（Phe）和酪氨酸（Tyr）具有较强的结合能力，表明瓜环的空腔能够选择性地容纳尺寸、形状、大小相匹配的客体分子[31]。

2.3.2　萎锈灵与八元瓜环的应用研究

萎锈灵（anilide carboxin）是一种具有内吸作用的杂环类杀菌剂，主要用于小麦、玉米、棉花等的病虫防治。Liu 等利用核磁共振波谱法、电子吸收法和荧光光谱法研究了萎锈灵与 Q[8]在水溶液中的主客体相互作用[32]。研究表明，萎锈灵的苯基部分进入到 Q[8]空腔中，受到瓜环的屏蔽作用，形成作用比为 1∶1 的主客体复合物，而且 Q[8]与萎锈灵结合后，抗菌活性增强。

2.3.3　多菌灵与八元瓜环的应用研究

在水溶液中，派洛宁 Y（PyY）（图 2-10）能产生强烈的荧光，Q[8]的引入使得体系荧光减弱，编者课题组利用 Q[8]与 PyY 组成的超分子荧光探针（2PyY@Q[8]）用于苯并咪唑类杀菌剂（如噻菌灵、麦穗宁和多菌灵）的检测，其检出限低至 10^{-8} mol/L[33]。值得一提的是，该超分子荧光探针能对前列腺癌（PC3）细胞中苯并咪唑杀菌剂进行成像（图 2-10），表明该荧光探针在细胞成像领域具有潜在的应用前景。

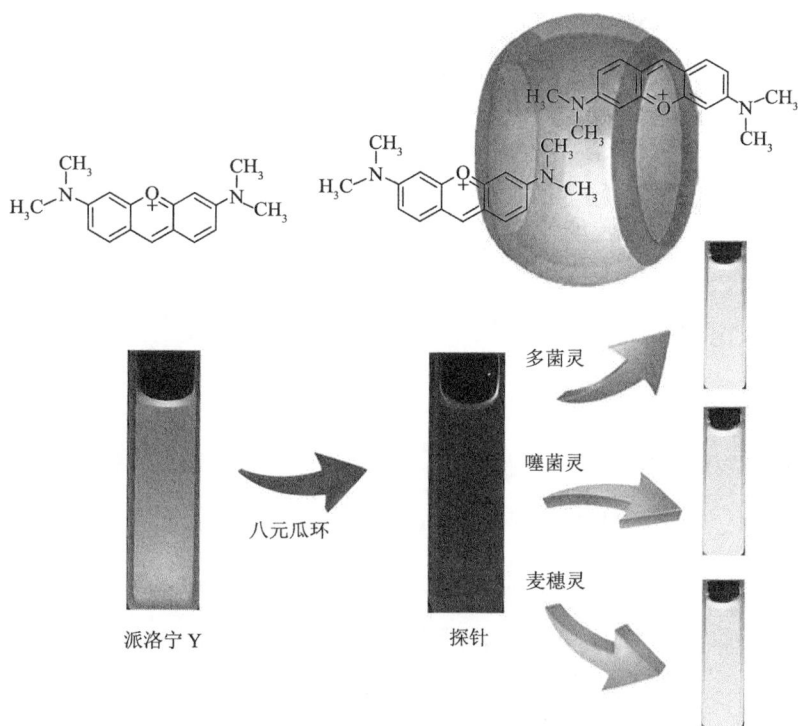

图 2-10　2PyY@Q[8]对噻菌灵、麦穗宁和多菌灵的检测示意图

　　编者课题组也报道了 Q[8]和硫堇（thionine，TH）能够在 0.01mol/L 盐酸溶液中形成作用比为 1∶2 的主客体复合物（Q[8]@2TH）[34]。Q[8]@2TH 体系的荧光强度与多菌灵（CBZ）在浓度为（0～3.5）×10^{-6} mol/L 范围内呈线性关系，通过荧光

数据计算出检出限为 9.39×10^{-8}mol/L。进一步考察常见干扰物质（如 Fe^{3+}、Mg^{2+}、Ca^{2+}等）对该体系检测 CBZ 的影响（图 2-11），研究表明，该体系具有较好的抗干扰能力。

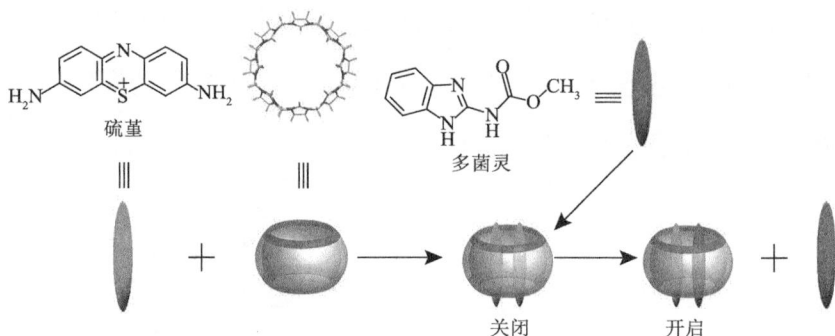

图 2-11 Q[8]与 TH 和 CBZ 可能的竞争包结示意图

2.4 农药与十元瓜环的应用研究

多果定（dodine，DD），乙酸十二烷基胍，是非内吸性保护性杀菌剂。用于保护果树、蔬菜、坚果等免受霉菌病害，也是一种工业水处理剂、洗涤剂和食品包装消毒剂。本节主要涉及以十元瓜环（Q[10]）为主的超分子荧光探针的构筑和对农药多果定的识别和检测。编者课题组利用甲基取代的质子化甲基吖啶（MeAD，10-甲基吖啶碘化盐）在水溶液中与 Q[10]构筑的超分子荧光探针（Q[10]@2MeAD）能够在 14 种农药分子中选择性识别 DD。利用核磁共振波谱法研究 Q[10]@2MeAD 识别 DD 的机理，结果表明，DD 的加入会竞争出瓜环空腔中的 MeAD，从而导致体系荧光增强。根据荧光数据，计算出检出限

为 1.665×10^{-7} mol/L。表明该超分子荧光探针在农药多果定的检测上具有潜在的应用前景[35]。

吖啶（AD，图 2-12）是常见的三环碱性染料，在水溶液中具有强荧光，当往 AD 中加入 Q[10]时，体系荧光降低，编者课题组由此构筑了超分子荧光探针 Q[10]@2AD 用于水溶液中 DD 的选择性识别[36]。荧光光谱表明，DD 的加入使得体系荧光增强，荧光强度变化量与 DD 在浓度为（$0 \sim 4.0$）$\times 10^{-5}$mol/L 范围内呈良好的线性关系，根据荧光数据，计算出其检出限为 1.827×10^{-6} mol/L。进一步将不同浓度的 DD 涂到实际蔬菜样品（四季豆和葫芦菜）上，验证 Q[10]@2AD 识别 DD 的可行性，结果表明，在紫外灯照射下可以观察到不同浓度 DD 的荧光信号，表明该荧光探针在农产品的快速现场检测中具有潜在的应用前景。

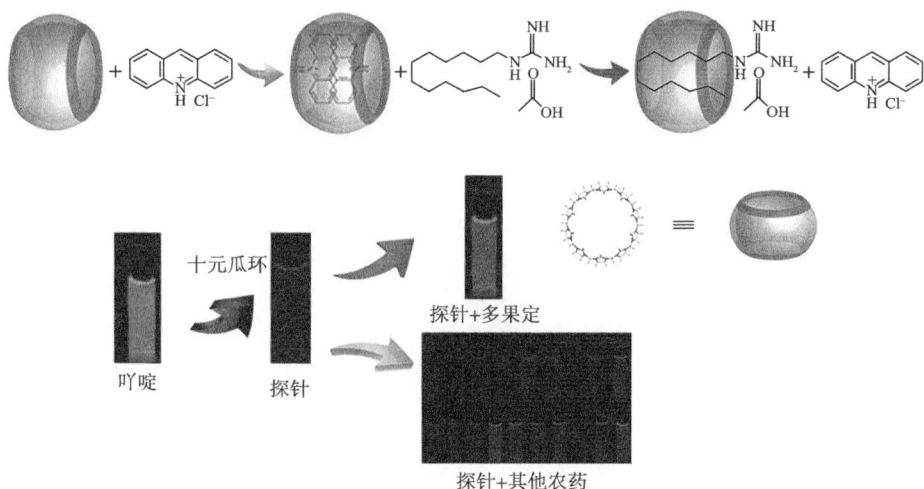

图 2-12　吖啶与十元瓜环构筑的荧光探针对多果定的检测示意图

第3章

农药与柱芳烃的超分子组装

　　柱芳烃是大环家族中一类新晋的成员，在 20 世纪 90 年代中期首次被发现[37]，2008 年报道了第一个完整表征的例子[7]。它们由对苯二酚与亚甲基桥联而成（见图 3-1）。从形状上看，它们像柱状体，并且像瓜环一样拥有能与多种物质以主客体方式结合的空腔。最近，Li 等对柱芳烃的合成和功能化进行了综述[38]，Cao 等人回顾了柱芳烃与各种有机客体分子的主客体化学，重点讨论了竞争络合作用下的荧光变化[39]。人们认识到这种体系的潜在应用价值，也意识到在该领域还有更多的工作需要做。

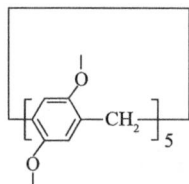 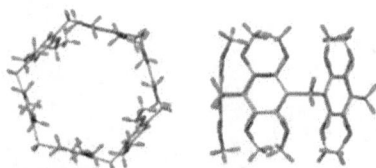

甲基柱[5]芳烃

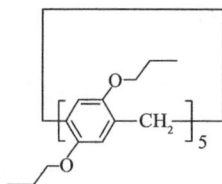 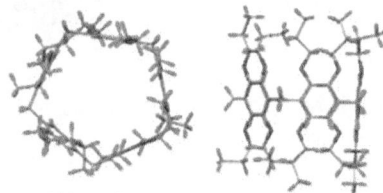

丙基柱[5]芳烃

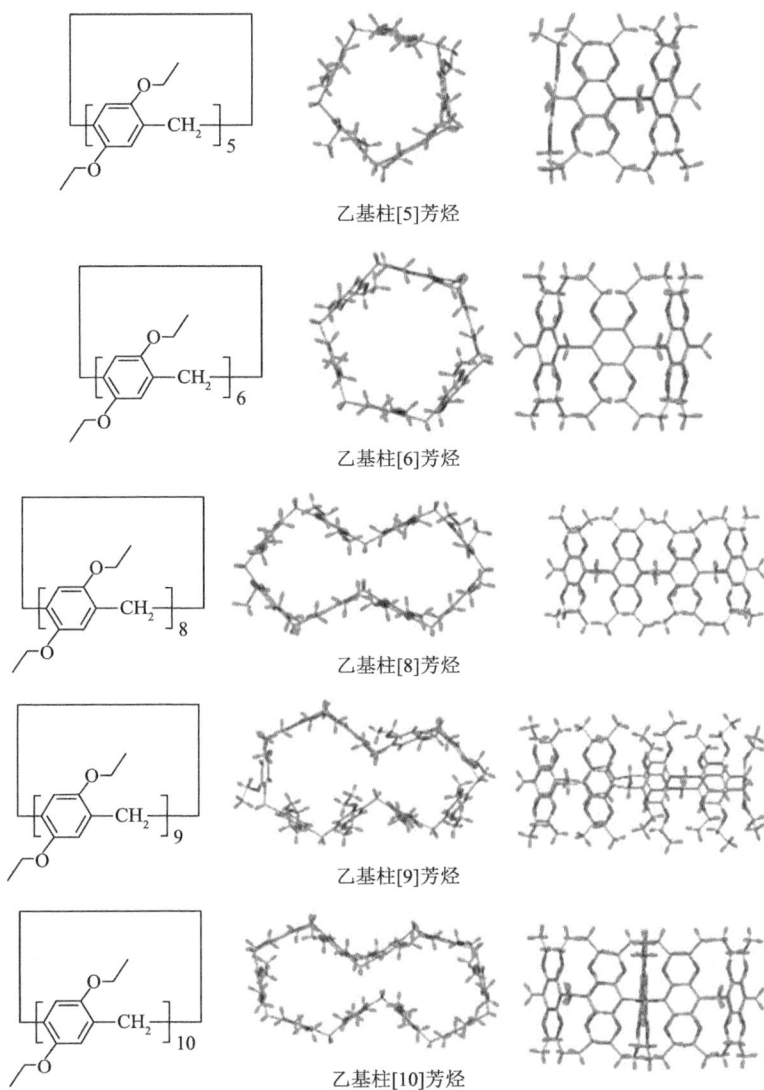

乙基柱[5]芳烃

乙基柱[6]芳烃

乙基柱[8]芳烃

乙基柱[9]芳烃

乙基柱[10]芳烃

图 3-1　部分柱芳烃及其衍生物结构式

本章主要按柱芳烃的空腔大小进行分类阐述，研究工作大多集中于柱[5]芳烃的应用。然而，鉴于以下内容中除了两个体系外，所有体系都涉及百草枯，因此在本章没有进一步进行分节介绍。

3.1　硼、氮或氧杂柱[n]芳烃（n = 4～6）在农药中的应用

Xie 等人利用密度泛函理论探讨了可能的柱[n]芳烃（n=4～6）负载含有硼、氮或氧杂类型的杂原子桥[40]。研究工作主要着重于可能的几何形状、光谱学和不同的溶剂影响，其范围扩大到这些主体分子与百草枯的包合物。结果表明，杂原子桥联的柱[5]芳烃和柱[6]芳烃是实验室最容易制备的，其中柱[5]芳烃最稳定。包含氮和氧的结构是相当刚性的，而含硼体系则较为松散，这些桥的存在形成了富电子的空腔。紫外-可见光谱研究发现，存在 $n \to \pi^*$ 和 $\pi \to \pi^*$ 跃迁，主体可溶于极性溶剂。柱[5]芳烃与百草枯能形成 1:1 的包合物，相对于硼和氧体系，氮杂包合物体系最稳定。

3.2　柱[5]芳烃在农药中的应用

Tang 等人[41]研究了两种具有不同链长的水溶性羧基柱[5]芳烃包结含有 4,4′-吡啶鎓类除草剂百草枯（PQ）和敌草快（DQ）的能力，特别研究了水溶性主体从植物叶片中隔离 PQ 和 DQ 的能力（图 3-2）。在 PQ 存在的情况下，从 ^{1}H NMR 实验可以明显看出，它与羧基化柱[5]芳烃的空腔紧密结合。对于 DQ 来说，这种包结作用较弱，Job 图证实了其作用比为 1:1。两种羧基

柱[5]芳烃结合 PQ 的能力是 DQ 的 30～50 倍。对植物（玉米和大豆）的试验显示了这些体系的潜在应用价值，喷施 PQ 或 DQ 会导致叶片迅速变化（6 h 后变黄，24 h 后枯萎），而在柱芳烃存在的情况下，叶片仍保持绿色。染色实验表明，柱芳烃的存在限制了活性氧的存在，从而限制了除草剂的破坏作用。

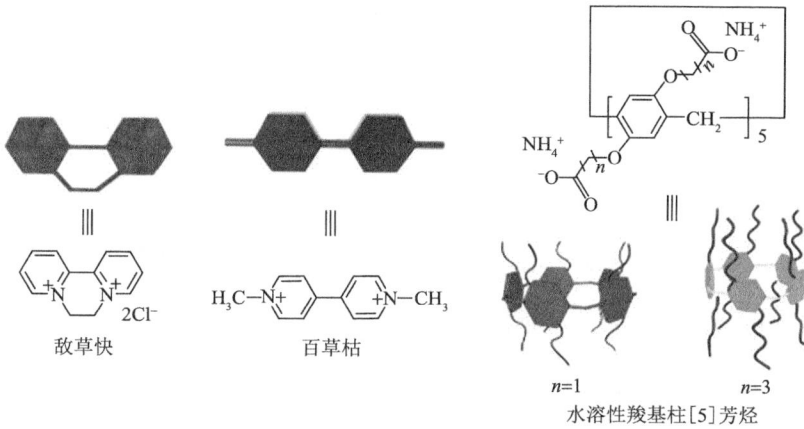

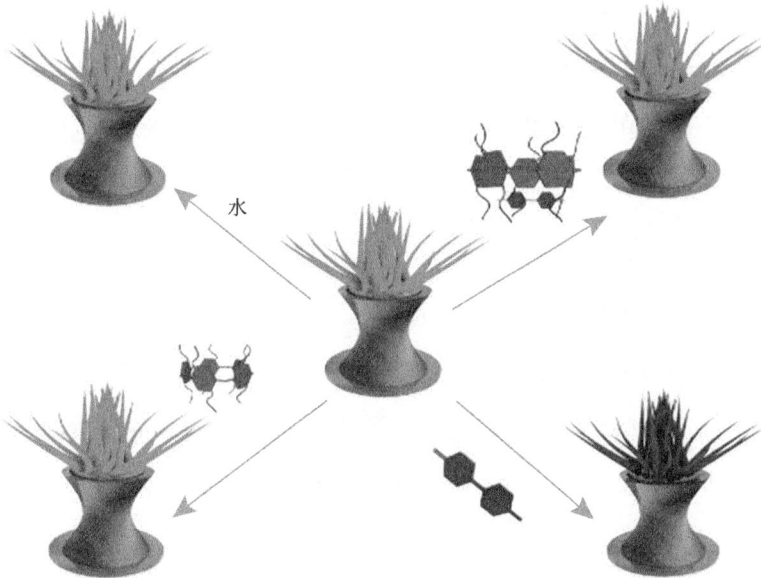

图 3-2　PQ、DQ 和羧基柱芳烃的包合物，及其用于从植物叶子中隔离除草剂的示意图

Liu 等人在磷酸钠缓冲液（pH=7.4）中研究了 22 种不同客体（包括含金刚烷的客体、芳香烃客体和氨基客体等）与水溶性羧基柱[n]芳烃（n = 5～7）的相互作用[42]。并确定了其中 51 种超分子复合物的结合常数（K_a 值），π-π 堆积效应、疏水作用和静电作用是这些包结体系的主要驱动力。实验证明，使用二铵客体有利于提高结合力，通过加入乙烯连接剂，使铵基进一步分开，与没有乙烯间隔（即百草枯）的客体相比，结合力提高了 3 倍。

Song 等人研究了除草剂苯喹三酮（3-（1,4-二甲基苯基）-6-[（2-羟基-6-氧环己基-1-烯-1-羰基）]-1-甲基喹唑啉-2,4（1H,3H）-二酮）[43]。研究内容涉及三种水溶性柱[5]芳烃，这三种柱芳烃分别具有不同链长的铵或羧酸端基的臂，然后利用它对苯喹三酮的包结进行了研究。紫外光谱滴定实验结果显示，该除草剂与主体 AP5A（图 3-3）的相互作用最强。此外，Benesi-Hildebrand 方程的计算表明，该主体与苯喹三酮的结合力最大，并形成 1∶1 的主客体包合物。此后，利用硅界面研究了这种物质在超疏水表面的扩散。通过测量接触角，观察到由该物种形成的液滴的扩散大于苯喹三酮与其他两种主体中的任何一种组合。计算结果表明，由 AP5A/苯喹三酮形成的液滴的动态扩散面积与单独的苯喹三酮相比显著增加，扩展的增加归因于动态表面张力的降低。当使用竹叶和棉叶作为表面时，观察到类似的扩散增加。通过处理草表明，苯喹三酮被 AP5A 包结对其杀虫特性没有负面影响。

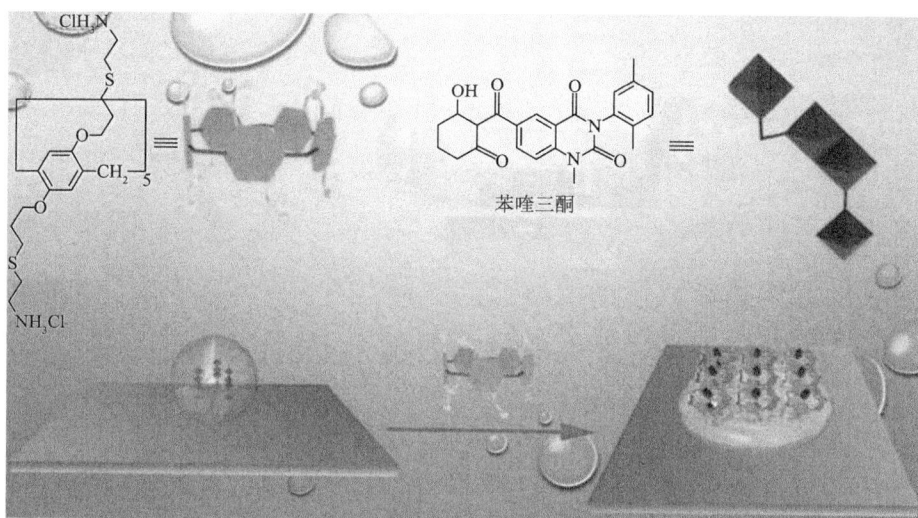

图 3-3　AP5A 和苯喹三酮的结构式以及主客体包结物的液滴
扩散能力示意图

Shangguan 等人研究了三种水溶性柱[5]芳烃（图 3-4）与百
草枯的相互作用[44]。实验数据表明，两个柱[5]芳烃（WP5-2 和

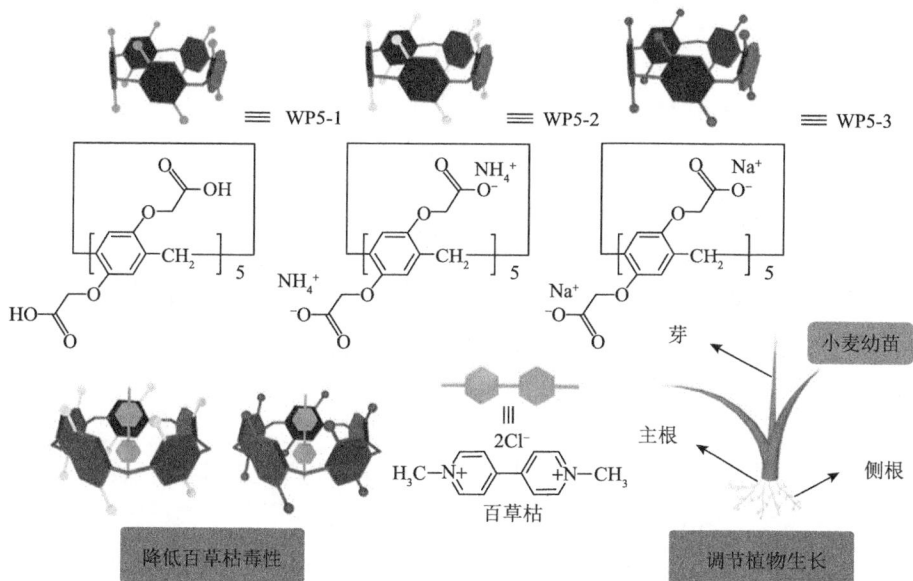

图 3-4　WP5-1、WP5-2、WP5-3 的结构及 WP5-2、WP5-3 对百草枯的
调控作用示意图

WP5-3）与百草枯之间存在较强的主客体络合作用，而 WP5-1 与百草枯的相互作用很弱。通过 MTT 试验和细胞系 HEK 293 和 Raw 264.4 实验，显示三种柱[5]芳烃都具有低毒性。此外，细胞活力研究表明，WP5-2 和 WP5-3 与百草枯的主客体复合物的毒性低于单独百草枯毒性。

Luo 等人研究了甲基百草枯液滴在柱[5]芳烃改性表面上的相互作用，后者充当叶片模拟物[45]。这是通过制备具有烯基功能化的柱[5]芳烃来实现的，通过点击化学，柱芳烃可以附着在叠氮化修饰的硅表面。初步的溶液相研究表明，功能化柱[5]芳烃与甲基百草枯之间存在较强的相互作用；1：1 配合物的结合常数为（1.32±0.08）×10^{-3} L/mol。随后，进行点击化学反应，通过 FTIR、XPS 和接触角证实了柱芳烃与表面的附着。将这一表面置于包括甲基百草枯在内的许多客体的液滴中，显示出不同的结果，添加水滴后的接触角滞后。计算出甲基百草枯在支撑柱[5]芳烃中的理论滑移角为 56°；对于其他客体和水，倾斜的角度在 7°～13°之间。因此，修改后的表面倾斜了 45°，观察到除甲基百草枯案例外，所有液滴都脱落了。在 10^{-8}～10^{-3} mol/L 范围内，甲基百草枯的滑动角随浓度的增加而增大；而其他客体的液滴则没有这种趋势。即使在添加交替的水滴或百草枯甲酯的七个循环之后，倾斜的表面仍然显示出对百草枯甲酯的亲和力，原因为柱[5]芳烃和甲基百草枯之间的结合增强。

Zhou 等人研究了阴离子柱[5]芳烃的特性及其与百草枯的

相互作用[46]。前体含酯柱[5]芳烃结构的四种异构体在 102.9～
116.3℃范围内具有不同的熔点，¹H NMR 光谱和晶体结构数据
揭示了戊基位置的差异。前驱体酯类化合物在氢氧化钠和氨水
作用下可以很容易地转化为相应的柱芳烃酸。用 ¹H NMR 和
ESI-MS 研究了四种阴离子异构体与百草枯在水中的相互作用。
数据显示，尽管存在相同的空腔，但与百草枯同分异构体和百
草枯的结合常数不同，这与取代基的取向有关。值得注意的是，
在三种异构体中，取代基的阴离子存留在空腔两端的边缘，从
而增强了主客体的相互作用。

Zhou 等人利用功能化的二氧化硅载体来包结百草枯[47]。他
们首先用 SiCl₄ 处理硅表面，然后用过羟基柱[5]芳烃或过羟基柱
[6]芳烃(覆盖≤250×10⁻⁶ mol/g 柱[5、6]芳烃)。通过 TGA、FTIR、
UV-Vis 光谱和 SEM 验证柱芳烃确实附着在载体上。随后的百
草枯水溶液吸附实验表明，含柱[6]芳烃的体系具有最大的吸附
量(饱和值为 2.0×10⁻⁴ mol/g 百草枯)，且具有一级动力学过程。
总的来说，这一过程是吸热的，溶剂从空腔中的解吸作用大于
百草枯的吸附作用。这种功能化载体的使用有望应用于其他有
毒物质从受污染水中的去除。

将聚乙二醇功能化（n=1,3）的柱状[5]芳烃与百草枯进行络
合[48]。n=1 体系与百草枯形成 1∶1 包合物的分子结构已被报道，
揭示了该包合物通过 π （面对面堆叠和 C—H…π）以及 C—H…O
键相互作用。通过 ¹H NMR、ESI-MS、2D NOESY 和 ITC 实验
验证了两者与百草枯在溶液中的相互作用情况。结果表明，聚

乙二醇链上取代基链越短，结合常数越大。通过添加过量（10倍当量）的锌粉，验证了百草枯的可逆还原过程。在加入 Zn 或去除 Zn，并随后暴露于空气中后，^{1}H NMR 光谱信号可以随着可逆过程发生变化。

3.3 柱[5]芳烃及其衍生物在农药识别检测中的应用

Zhang 等人设计了一种基于电化学和氮掺杂碳点的百草枯检测方法[49]。氮掺杂碳点易于通过一锅法制备，受 1-乙基-3-（3-二甲氨基丙基）碳二酰亚胺（EDC）/n-羟基琥珀酰亚胺（NHS）的耦合作用，其外表面被羧基柱[5]芳烃功能化（图 3-5）。通过 TEM 和 FTIR 表征了改性柱[5]芳烃包覆氮掺杂碳点的组成，氮掺杂碳点的平均尺寸为（6.3±2.4）nm。TGA 结果表明，约 16.7%的质量减轻与柱状芳烃有关。所得到的电化学传感器在 pH 为 7 时对农药的检测效果最好。柱[5]芳烃包覆氮掺杂碳点负载量为 0.50 mg/mL；SEM 图像也显示氮掺杂碳点的存在。在无机盐（如过量 100 倍的 KCl 或 NaCl）或有机化合物（如相关的除草剂敌草快）存在时，电极系统表现出良好的耐受性和灵敏度。也就是说，这些物种不干扰百草枯的检测结果。检测限为 $6.4×10^{-9}$ mol/L（S/N = 3），并成功应用于自来水的检测。

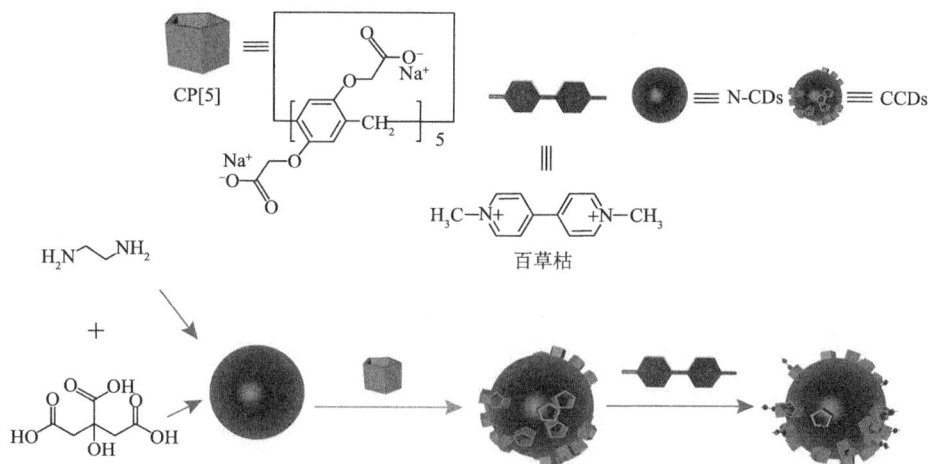

图 3-5　改性柱[5]芳烃包覆氮掺杂碳点的制备以及对百草枯的
检测示意图

  Zhao 等人采用了一种带有百草枯侧基和四苯基的聚苯乙烯聚合物，与水溶性柱[5]芳烃（WP5）或柱[6]芳烃（WP6）结合构建了两种两亲性聚伪轮烷[50]。通过 DLS、TEM 和 CLSM 表征了这些聚伪轮烷的尺寸和形貌；发现这些聚集体的平均粒径在 80～100 nm 范围内。这些体系在水相中进行自组装，形成超分子聚合物（PR5 和 PR6）（图 3-6）。通过调节 pH，聚合物可以解聚（通过添加酸）和重组（通过返回到 pH 为 7.4）。由于四苯乙烯的 AIE 效应，这些体系具有明显的强荧光。作为研究内容的一部分，抗癌药物多柔比星被上述产生的囊泡包裹，导致荧光猝灭。通过增强溶液酸性，可以释放不同量的多柔比星，例如基于柱[6]芳烃体系在 pH 为 5.5 的条件下，36 h 内多柔比星可释放 69%。

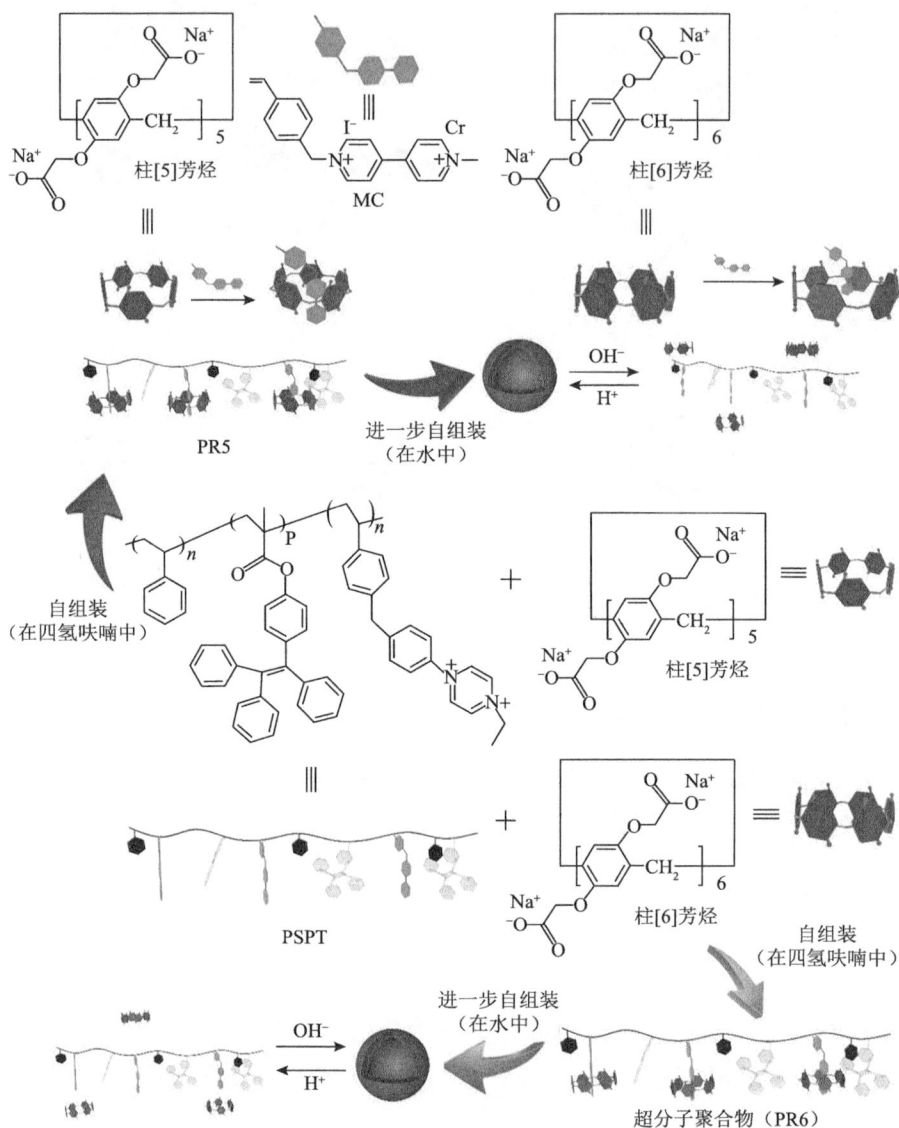

图 3-6　聚合物 PSPT，水溶性柱[5、6]芳烃（WP5 和 WP6），客体 MC 的结构式，以及 WP5、WP6 和 MC 之间的主客体相互作用示意图

　　Yang 等人以柱[5]芳烃的水溶性磷酸铵盐为主体构建了亚甲基蓝包合物（图 3-7）[51]。在此体系中，与该客体相关的荧光猝灭，但添加百草枯后，荧光恢复。百草枯的最低检测限为 3.6×

10^{-7} mol/L。该体系在相对较宽的 pH 范围内适用，不受其他物质（如氨基酸）影响。

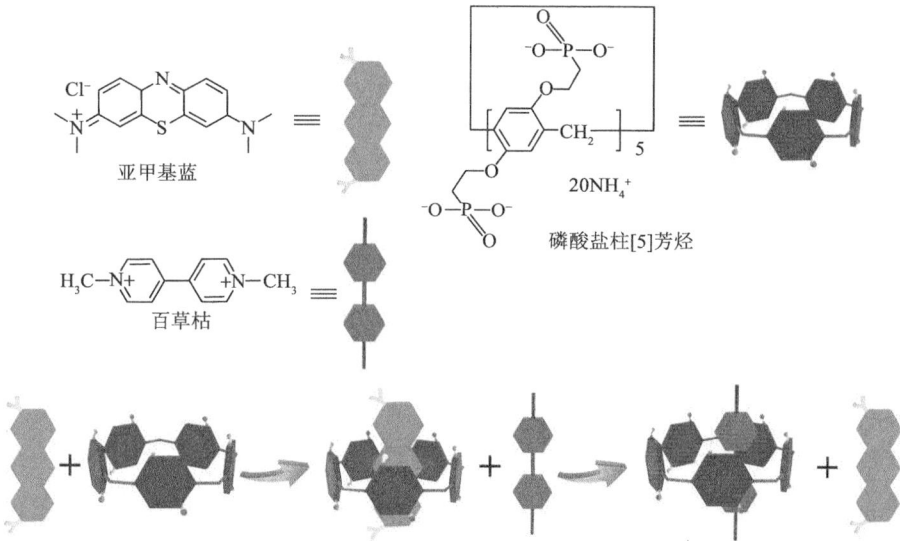

图 3-7　上图：亚甲基蓝、磷酸盐柱[5]芳烃和百草枯的结构式；下图：三者相互作用示意图

杀虫剂甲基对硫磷（MP）是一种有机硫代磷酸盐，在全球范围内的使用受到限制。接触后会导致视力模糊和呼吸困难等症状，被归类为极其危险的物质。因此，非常需要能够快速检测它的方法。对此，Tan 等人报告了一种基于还原石墨烯纳米复合材料和阳离子柱[5]芳烃的电极系统，能够通过差分脉冲伏安法检测 MP[52]。将检测结果与使用 β-环糊精体系进行了比较，通过 ^{1}H NMR 分析，柱芳烃体系对 MP 具有更好的识别能力。该方法具有优越的选择性，可以在存在竞争物质（如 KCl、MgCl$_2$ 和葡萄糖）时检测 MP。通过透射电镜观察到柱芳烃/石墨烯纳米复合材料的类似结构，都呈现紧密组装的皱片状。MP 检测极限

为 3.0×10^{-7} mol/L （S/N=3），线性输出范围为（0.001～150）× 10^{-3} mol/L。通过对大量实际样品（如土壤）的应用测试，回收率高达 101.2%。

Xu 等人还利用水溶性柱[5]芳烃衍生物对百草枯的识别能力制备了胶束和囊泡[53]。使用了不同长度烷基（C_4H_9 至 $C_{18}H_{37}$）与吡啶鎓氮结合的百草枯客体（图 3-8）。水中的结合常数为 10^{-4} 级。取代基的长度决定了产物形成的类型，较短的链（小于 12 个碳原子）有利于形成胶束，而较长的链（大于 12 个碳原子）有利于形成囊泡。对于含 $C_{12}H_{25}$ 基团的自组装体系，pH 为 4.0 时可形成胶束（直径为 7 nm），pH 为 7.0 时可形成囊泡。这种自组装可以通过调节 pH 来实现可逆控制。除 pH 外，还可以采用其他外部刺激，包括不同温度刺激或添加其他物种（如 α-环糊精等）。亲水的客体（如钙黄素）可以被囊泡包裹，通过调节（降低）pH，可以实现客体的释放（通过荧光测量）。

Shamagsumova 等人利用一种新的生物传感器来检测多种农药，包括马拉氧磷、甲基对氧磷、卡巴呋喃和涕灭威[54]。该体系以炭黑上碳二亚胺固定乙酰胆碱酯酶的改性玻碳电极为基础，吸附柱[5]芳烃。利用具有阶梯电位的工作电极，观测合成电流随时间的变化，发现最佳操作条件为 200mV/180s。甲基对氧磷和马拉氧磷的检出限分别为（5×10^{-9}）～（4×10^{-12}）mol/L。生物传感器利用无盐生花生和添加了农药的甜菜根汁为实际样品进行了演示。使用含有 10 个季铵基团的柱[5]芳烃，当它与乙酰硫胆碱一起添加到基于乙酰胆碱酯酶的生物传感器时，证明能发生可逆抑制。

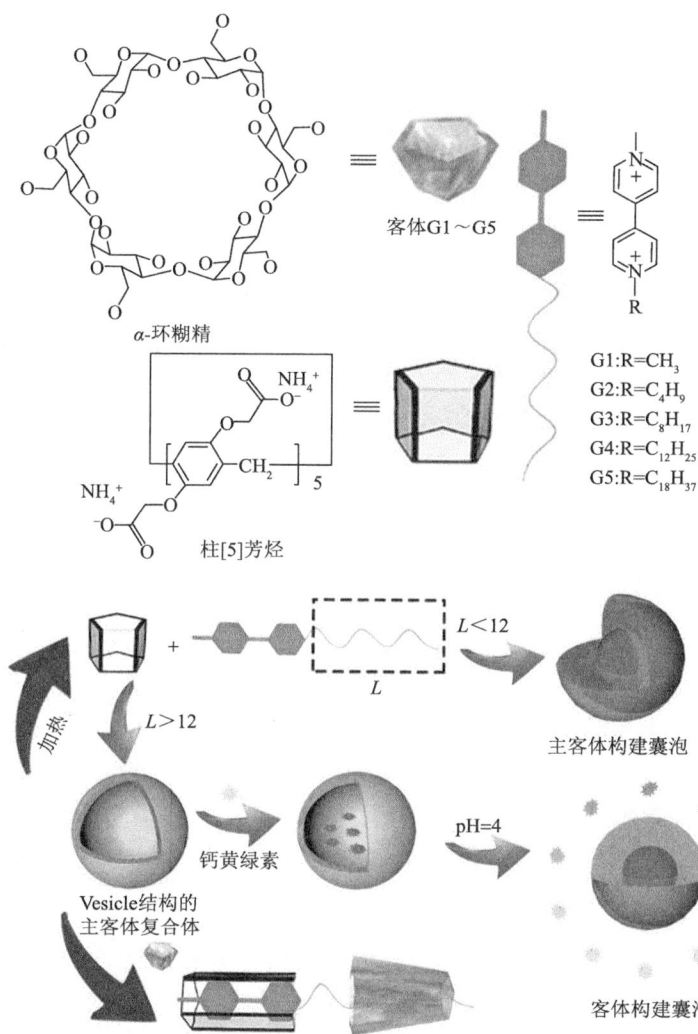

α-环糊精

客体G1～G5

G1:R=CH₃
G2:R=C₄H₉
G3:R=C₈H₁₇
G4:R=C₁₂H₂₅
G5:R=C₁₈H₃₇

柱[5]芳烃

L<12
L
主客体构建囊泡

加热
L>12
Vesicle结构的
主客体复合体
钙黄绿素
pH=4
客体构建囊泡

图 3-8　基于水溶性柱[5]芳烃衍生物制备胶束和囊泡的示意图

　　水溶性柱[5]芳烃 WP5（图 3-9）是由全羟基化柱状[5]芳烃和四（乙二醇）单甲基醚单对戊酸酯反应制备的，与一种含有戊基的百草枯衍生物络合，该衍生物一端与季氮中心结合[55]。正如预期的那样，双中心阳离子与其中性离子相比受到的包结作用更强。随后，Shen、Zhao 等利用百草枯和末端为苄氧基的聚合物与 WP5 结合，通过中间体柱芳烃基的两亲性大分子伪[2]轮烷形成氧化还原反应性聚合物囊泡。事实证明，利用这些小囊泡作为药物传递体系是可能的，例如，抗癌药物盐酸阿霉素与瓜环和环糊精体系的载药量（～8%）基本一致[56, 57]。研究发现，当还原剂（如 Na$_2$S$_2$O$_4$）存在时，药物释放速度更快，通过改变还原剂的浓度可以控制药物的释放。通过共聚焦激光扫描显微镜观察到细胞胞浆中囊泡数量增加，药物在细胞内释放。此外，被包裹的药物比自由药物的细胞毒性低。

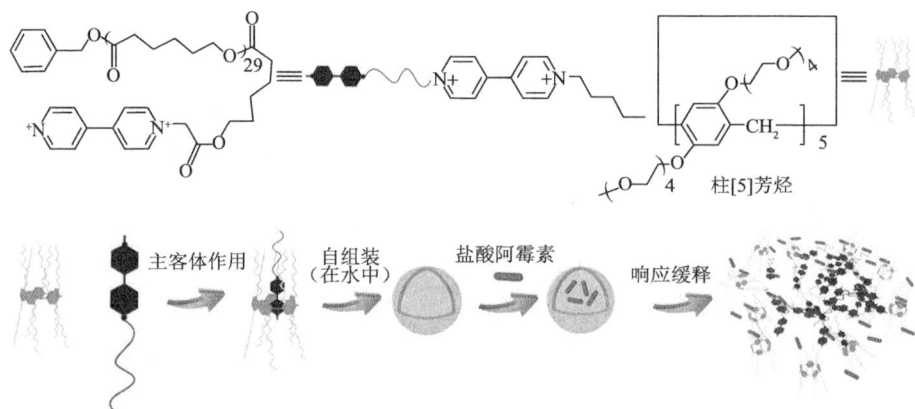

图 3-9　基于水溶性柱[5]芳烃药物传递系统示意图

Mao 等人将肼基柱[5]芳烃附着在石墨烯表面，通过原子力显微镜（AFM）确认其厚度为（1.7±0.2）nm[58]。FTIR 和 XPS 进一步证实了酰胺连接键的存在。加入染色剂番红 T，^{1}H NMR 谱图中质子信号峰向高场移动，证明染色剂番红 T 被柱[5]芳烃包结，添加百草枯后，番红 T 被释放，荧光恢复，荧光强度与百草枯浓度成正比。研究表明，当被接枝柱[5]芳烃包结时，染料和石墨烯之间的 FRET 导致荧光"关闭"。MTT 和 HeLa 细胞系的细胞毒性研究表明，接枝的柱[5]芳烃体系没有过度的细胞毒性；观察到 HeLa 细胞系荧光猝灭。考虑到在细胞中加入百草枯可以恢复荧光，该体系有望作为探针通过成像检测活细胞中的百草枯。这种技术在小鼠体内也被证明是可能的，可以观察到荧光的开启和关闭。

Wang 等人通过 ^{1}H NMR 光谱研究了羧基柱[5]芳烃 WP5（图 3-10）和 10-甲基吖啶碘化物之间形成的 1∶1 包合物，并观察到客体共振的加宽和向高场位移[59]。最初与客体相关的强烈绿色荧光在与 WP5 络合后褪色。结合常数测定结果表明，该体系对百草枯的亲和性约为 10-甲基吖啶碘化物的 1000 倍。由此证明，利用该体系检测水中百草枯是可行的。只需调整 pH 值，主客体复合物就可以被分解（加酸）和重整（加碱）。该体系也可用于检测 pH 范围在 3～11 的水溶液中的氰化物离子，氰化物的加入会使颜色从绿色变成蓝色。

Tian 与他的研究组将羧基衍生物和柱[5]芳烃附着在磁性 Fe_3O_4 纳米颗粒上[60]。采用 FTIR、TGA、TEM、XRD 等多种方法对体系进行表征。由柱[5]芳烃和铁基纳米颗粒组成的球形体平均粒径为 390 nm。用振动样品磁强计检测了球体的磁性，显示出超顺磁性。此外，还对该体系对多种农药的提取能力进行了评估，包括甲螨灵、二氯吡唑啉、甲基克雷索辛、氟美唑、氯虫腈、嘧虫胺和三氟唑。通过磁性固相萃取结合高效液相色谱，评价了该体系对 5 种葡萄酒和 5 种果汁加标和未加标饮料样品中痕量农药的吸附测定。优化条件后，7 种农药的检出限为 5.0～11.3 ng/mL，回收率为 70.6%～106.8%。

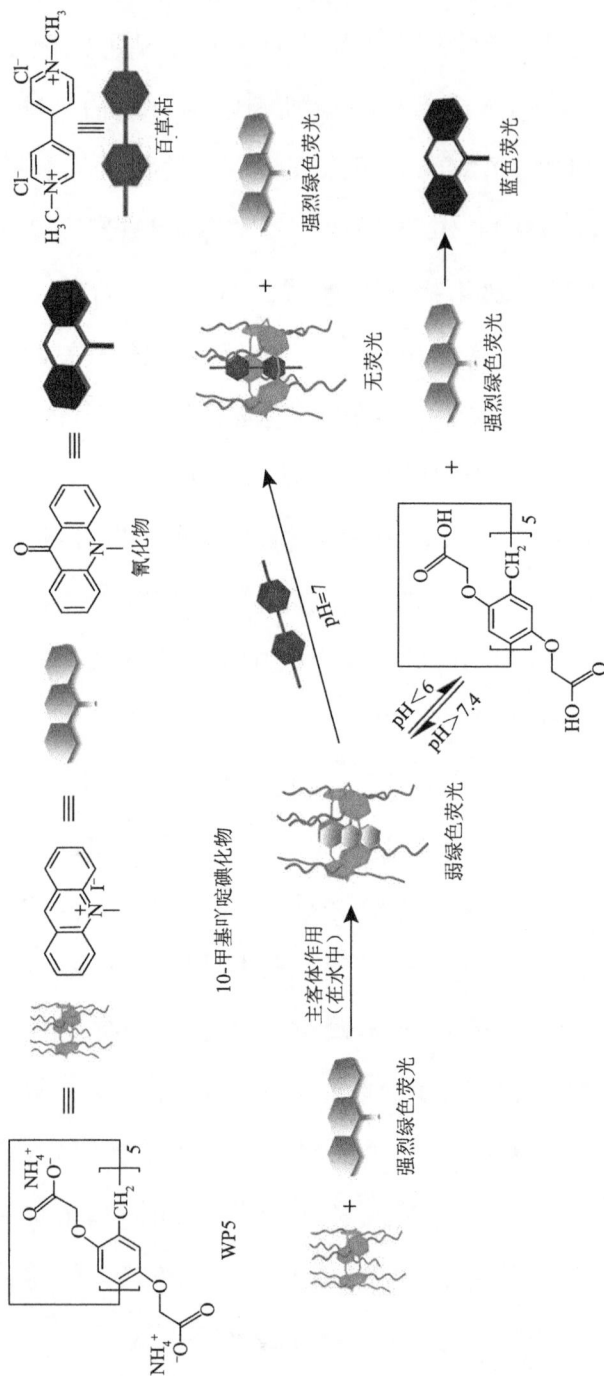

图3-10 上图：WP5、10-甲基吖啶碘化铵、氧化物和百草枯的结构式；
下图：WP5、10-甲基吖啶碘化铵体系对百草枯的检测示意图

3.4　柱[6]芳烃在农药中的应用

Yu 等人研究了一种水溶性柱[6]芳烃与水中百草枯的相互作用，这种柱[6]芳烃的两边都有羧基[61]。核磁共振波谱数据显示，百草枯穿入空腔中，形成了 1∶1 的[2]伪轮烷。结果表明，由于主客体间具有疏水、静电和 π-π 堆积作用，该体系的结合常数高达（1.02 ± 0.10）×10^{-8} L/mol。该体系对 pH 敏感，可以通过改变溶液的 pH 来控制客体的包结程度，通过带有额外长链烷基（$C_{11}H_{23}$）的两亲性百草枯客体与水溶性柱[6]芳烃结合，可以控制在水中的聚集，并可利用 pH 控制胶束和囊泡的可逆过程。此外，这使水溶性染料（钙黄素）释放，溶液因囊泡破坏而使酸性变得更强。正如前面提到的，百草枯的毒性是一个问题，涉及有毒的羟基自由基。通过将百草枯与水溶性柱[6]芳烃络合，毒性降低的部分原因是羟基自由基的生成有所减少（图 3-11）。

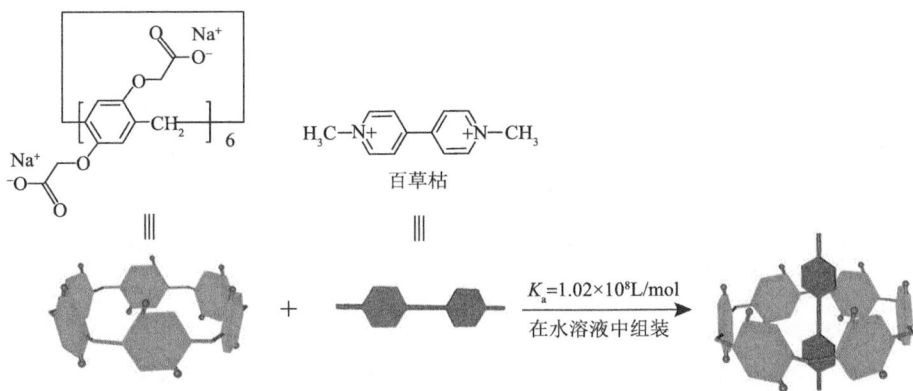

图 3-11　水溶性柱[6]芳烃与 PQ 相互作用降低毒性的示意图

Tan 等人首次报道了使用柱[6]芳烃修饰的银纳米颗粒负载在二维共价有机框架 COF 表面，并用于百草枯检测[62]。该非均相体系以银纳米颗粒为电催化剂，COF 为构建传感器的平台，柱芳烃为主体，在百草枯检测中具有很高的灵敏度。检出限为 1.4×10^{-8} mol/L。该电极在百草枯为（$0.01 \sim 50$）$\times 10^{-6}$ mol/L 范围内有效，最佳工作电位为（$-0.95 \sim -0.40$）V（相对于 Hg/Hg_2Cl_2）。该体系对 Na^+、K^+ 等常见干扰素具有较好的耐受性。

Qian 等人使用水溶性磷酸柱[6]芳烃直接在水中剥离石墨烯薄片[63]。这种方法不需要使用强氧化剂，因此与以前使用的方法相比更环保。所得石墨烯结晶性强，与柱[6]芳烃形成 π-π 堆积作用（图 3-12）。如果该体系与吖啶橙一起使用，那么 FRET 与柱[6]芳烃@石墨烯相互作用导致荧光猝灭。然而，添加百草枯会抑制这种猝灭（与吖啶橙相比，更适合用于竞争性包合物），因此对百草枯的测定是可行的；猝灭程度与百草枯浓度有关。检测限为 0.6×10^{-7} mol/L（S/N=3）。对该体系在存在多种干扰物的情况下作用的能力进行了筛选，并在大量真实水样上进行了测试。

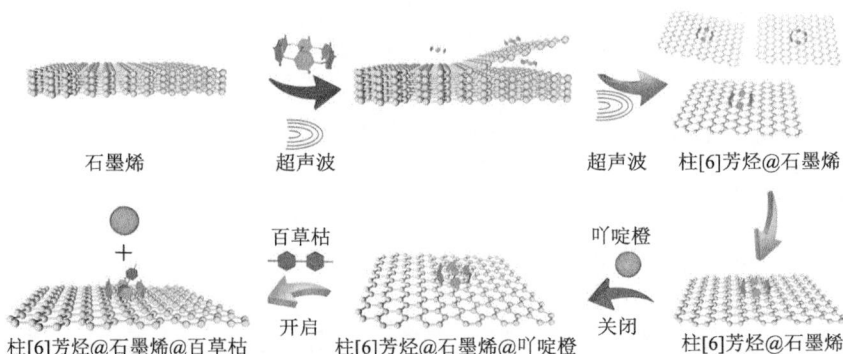

石墨烯　　超声波　　　　　　超声波　柱[6]芳烃@石墨烯

柱[6]芳烃@石墨烯@百草枯　　柱[6]芳烃@石墨烯@吖啶橙　　柱[6]芳烃@石墨烯

开启　　　　　　　　　　　　关闭

图 3-12　柱[6]芳烃@石墨烯的剥离/稳定性及对 PQ 的主客体识别示意图

斜柱[6]芳烃在 2018 年首次被 Wu 等人报道，之所以被称为斜柱，是因为其不对称的斜塔状外观[64]。Wang 等人利用这种倾斜的阴离子柱[6]芳烃，在每个边缘上带有四个羧基，与原位生成的金纳米颗粒一起用于检测除草剂百草枯（图 3-13），形成 2∶1 的主客体复合物，检出限 $0.02×10^{-6}$ mol/L。该体系也被证明是对硝基苯酚与 $NaBH_4$ 加氢反应的有效催化剂[65]。

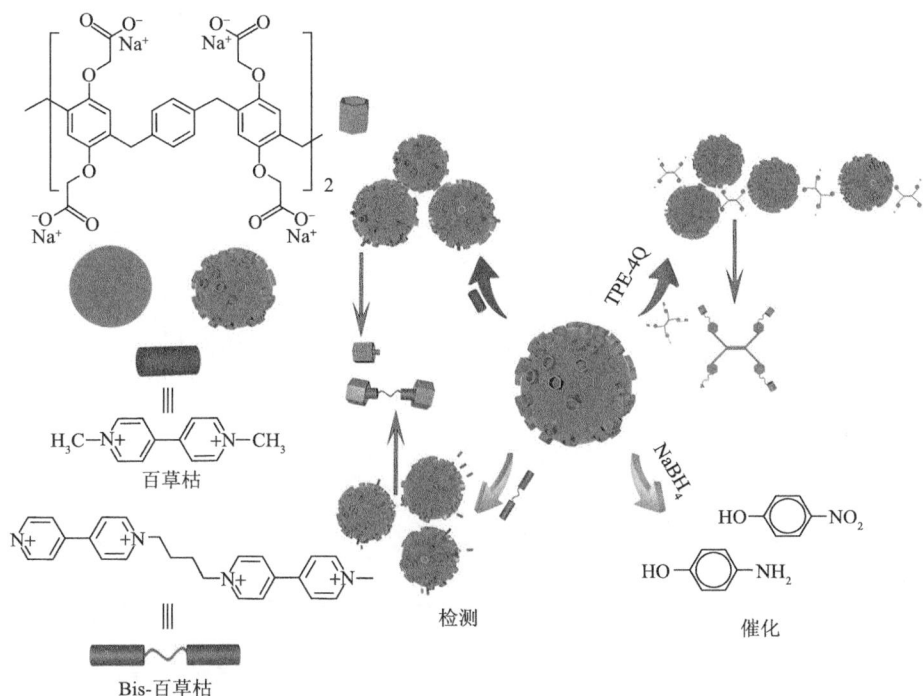

图 3-13　斜柱[6]芳烃、AuNPs、甲基紫精（MV）自组装及其应用示意图

3.5　柱[7]芳烃在农药中的应用

Li 等人采用两缘带有羧基阴离子的水溶性柱[7]芳烃，研究

了它与百草枯的络合作用[66]。经 ^{1}H NMR 和 2D NOESY 分析，结合 ESI-MS、UV-Vis 光谱和荧光滴定，证明产物为 1：1 的[2]伪轮烷。结合常数分别为（2.96±0.31）×10^9 L/mol、（8.20±1.70）×10^4 L/mol 和（1.02±0.10）×10^8 L/mol，高于水溶性柱[5]和柱[6]芳烃[61, 67]。由 ^{1}H NMR 光谱观察到，通过调节 pH，可以控制百草枯的包结程度。随后，研究扩展到使用一端具有 $C_{11}H_{23}$ 基团的两亲性百草枯衍生物。利用芘，证明了水溶性柱[7]芳烃与两亲性客体实现了两亲性聚集。通过 TEM 和 DLS 分析测量了该体系的形貌和尺寸。组装体的平均直径为 164.2 nm（DLS）和 160 nm（TEM）。

3.6　柱[10]芳烃在农药中的应用

Chi 等人报道了由两种含百草枯的聚合物和一种水溶性柱[10]芳烃组成的多响应体系[68]，该体系中两亲性二嵌段共聚物在水中形成聚合物胶束（图 3-14）。这种胶束被证明能够作为储存和释放的载体，这一点在使用阿霉素作为载物时得到了证实。也可以通过应用不同的外部刺激组合来控制药物释放的速度，例如同时使用热量和竞争客体。

Chi 等人利用含有正戊基的百草枯衍生物与吡啶氮结合，与水溶性柱[10]芳烃结合，自组装成 1：2 型[3]类轮烷[69]。结果表明，两个柱[10]芳烃结合位点之间存在络合作用。Scatchard 曲

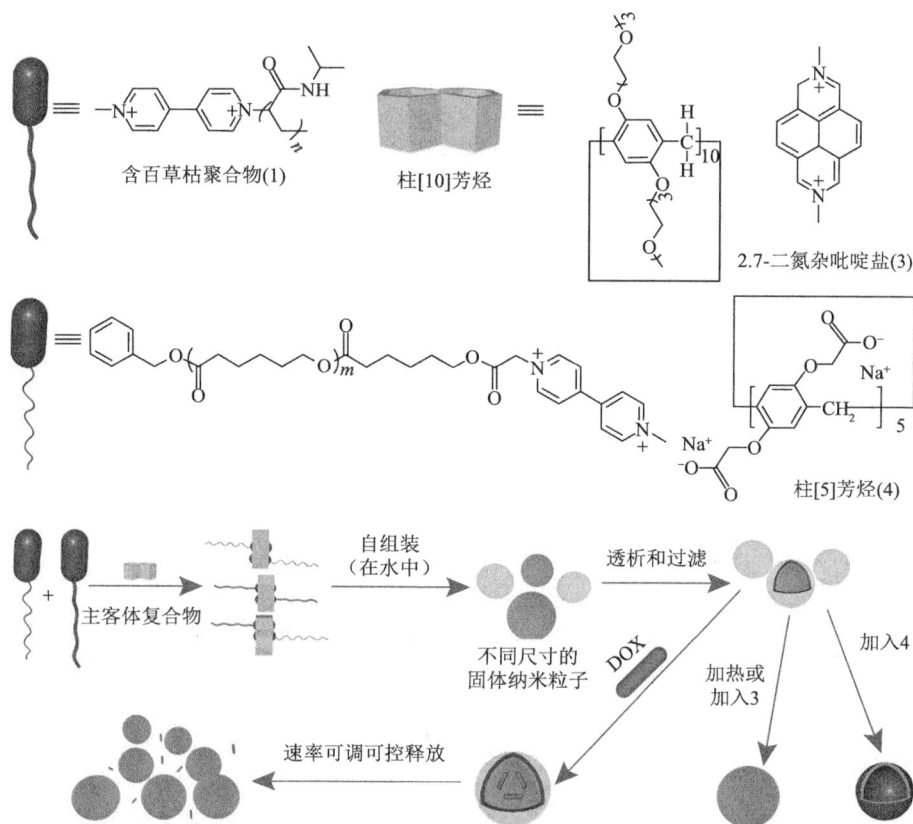

含百草枯聚合物(1)

柱[10]芳烃

2.7-二氮杂吡啶盐(3)

柱[5]芳烃(4)

自组装
（在水中）

透析和过滤

加入4

主客体复合物

不同尺寸的
固体纳米粒子

DOX

加热或
加入3

速率可调可控释放

图 3-14　基于水溶性柱[10]芳烃组成的多响应体系示意图

线（25℃，D$_2$O）呈非线性，且存在最大值；其稳定常数 K_1 和
K_2 分别为（8.3±0.1）×10^2 L/mol 和（6.2±0.3）×10^3 L/mol。这一
研究通过含百草枯的聚（N-异丙基丙烯酰胺）和水溶性柱[10]
芳烃的均聚物的相互作用，扩展到合成超两亲体。实验结果在
浊度实验中得到体现，随着柱[10]芳烃浓度的增加，透光率随温
度的变化曲线变为双热响应剖面。当超过柱[10]芳烃/丙烯酰胺
聚合物的最低临界溶液温度（LCST，37℃）时，体系自组装成
囊泡。透射电镜（TEM）观察到直径在 160 nm 左右（DLS 为

142 nm）的球形聚集体，以及壁厚为 18 nm 的空腔。当温度低于柱[10]芳烃/丙烯酰胺聚合物的 LCST 时，体系呈无规卷曲构象，与水的氢键结合导致溶解度提高。当温度高于柱[10]芳烃/丙烯酰胺聚合物的浊点时，出现了相变化和沉淀，这与氢键的断裂和组分的疏水性有关。使用 DLS 在 25～60℃范围内监测这种热响应行为。改变（降低或增加）温度时，小分子可以从囊泡中释放出来。以钙黄素为例，在 24 h 内，冷却至 25℃时，释放率为 93%，加热至 60℃时，释放率为 60%。

第4章
农药与杯芳烃及其衍生物的超分子自组装

  杯[n]芳烃是一种大环化合物，由亚甲基桥联苯酚单元构成，其形状类似于杯子。其中，最常见的是 $n=4$ 的杯[4]芳烃，它的构象更倾向于锥形，特别是当两个相邻的亚甲基桥联苯酚单元以 1,2-和 1,3-交替构象反向排列时。这种锥形构象的空腔大小可以调节，因此产生了丰富的主客体化学[4,5]。此外，杯[n]芳烃的上下边缘均易于进行化学修饰，可衍生出了各种类型的杯芳烃（如图 4-1 所示）。因此杯芳烃在催化[70,71]、抗癌药物[72]，甚至染发剂[73]等领域都有广泛的应用。Español 等人在他们的综述论文中也详细描述了杯芳烃对一些常见杀虫剂的识别机制[74]。

  本章重点讨论以杯[4]芳烃衍生物为主体的体系。为了方便理解和讨论，将根据农药的类型进行分类，包括有机磷、有机氯和其他类型的农药。此外，还将探讨所使用的杯芳烃化合物的性质，例如它们是否能与二氧化硅或银纳米颗粒形成复合材料等，以期为对农药与杯芳烃及其衍生物的超分子组装体系感兴趣的读者提供一些参考。

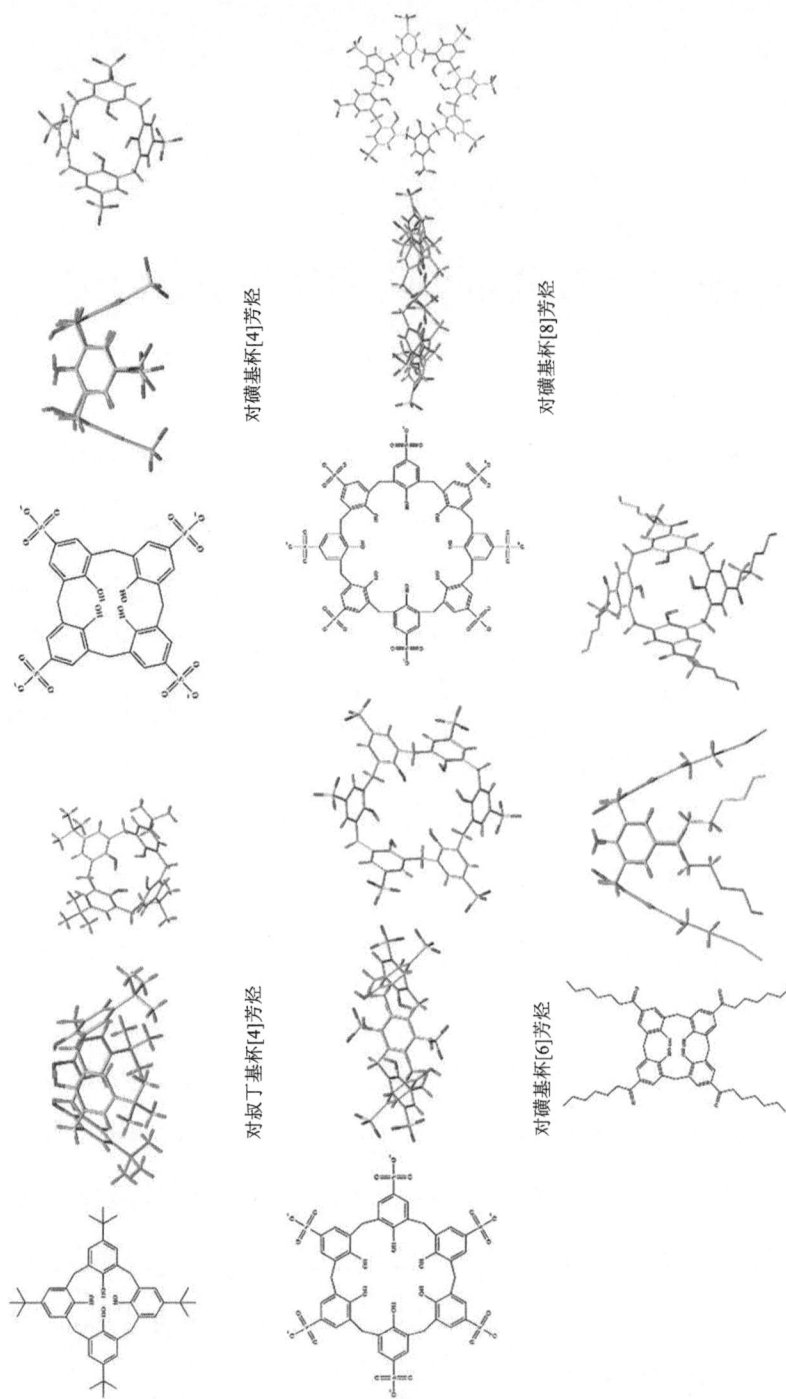

图4-1　部分杯芳烃的结构示意图

4.1　杯[n]芳烃及其衍生物对有机磷类农药分子的检测

4.1.1　二氧化硅纳米复合材料体系

叔丁基杯[4]芳烃被负载到二氧化硅纳米颗粒表面，形成一种纳米复合材料，用于检测有机磷类除草剂 N-（磷酰基甲基）甘氨酸（也称为草甘膦）[75]。在这个复合材料中，通过引入了 [Ru（bpy）$_3$]$^{2+}$ 基团，制备出一种具有荧光共振能量转移（FRET）特性的纳米荧光传感器。当加入草甘膦后，FRET 的效率达到 87.69%。通过 Langmuir 等温线，计算出结合常数为 1.16×10^7 L/mol。草甘膦的检出限为 7.91×10^{-7} mol/L。通过对地下水和稻谷中的草甘膦进行分析检测，结果表明该纳米传感器可以应用于实际样品的检测。

氯吡硫磷，即 O,O-二乙基-O-（3,5,6-三氯-2-吡啶基）硫代磷酸，是一种白色结晶状的广谱杀虫、杀螨剂，具有轻微的硫醇味，在土壤中易于挥发。与其结构相似的杀虫剂有二嗪农，即 O,O-二乙基-O-[4-甲基-6-（2-异丙基）嘧啶-2-基]硫代磷酸，主要用于杀灭蟑螂、跳蚤等。Ibrahim 及其团队利用介孔二氧化硅磁性复合材料作为载体，将氨基修饰的杯[4]芳烃固定化，形成一种复合材料。这种材料能够从水样中去除氯吡硫磷和二嗪农[76]。通过扫描电镜观察，可以看到该材料的孔隙中存在磁性

Fe$_3$O$_4$，显示出良好的吸附性能。在不同 pH、浓度、吸附量和不同时间等条件下测定，发现该复合材料在水溶液中去除氯吡硫磷和二嗪农的最佳条件为 pH=7，且吸附时间超过 10min，去除率分别达到 96% 和 88%。根据 Langmuir 和 Dubinin-Radushkevich 等温线，推断出该材料对两种农药的吸附机理均为化学反应，并遵循准二级速率模型。此外，这种复合材料还可用于检测废水样品中的农药残留。

4.1.2　纳米银复合材料体系

乙酰胆碱酯酶（AChE）是一种羧酸酯酶，是广泛使用的氨基甲酸酯类（CB）和有机磷类杀虫剂（OP）的主要靶标酶。Evtugyn 等人开发了一种用于检测有机磷和氨基甲酸酯类农药的乙酰胆碱酯传感器[77]，这种传感器由硫代杯[4]芳烃与 Ag 纳米颗粒复合而成，并在玻碳电极上沉积炭黑层以固定 AChE。研究结果显示，该体系能够检测马拉氧磷（$0.4 \times 10^{-9} \sim 0.2 \times 10^{-6}$ mol/L）、对氧磷（$0.2 \times 10^{-9} \sim 0.2 \times 10^{-6}$ mol/L）、呋喃丹（$0.2 \times 10^{-9} \sim 2.0 \times 10^{-6}$ mol/L）和涕灭威（$10 \times 10^{-9} \sim 0.20 \times 10^{-6}$ mol/L），其检出限分别为 0.1×10^{-9} mol/L、0.05×10^{-9} mol/L、0.1×10^{-9} mol/L 和 10.0×10^{-9} mol/L。在添加了马拉氧磷和马拉硫磷的葡萄果汁以及添加了氨基甲酸酯农药的花生中，该体系对马拉氧磷表现出较高的回收率（95%～98%）。此外，研究还发现，硫代杯[4]芳烃季铵盐对乙酰胆碱酯酶具有一定的抑制作用。

乐果（dimethoate），即 O,O-二甲基-S-[2-（甲氨基）-2-乙

氧基]二硫代磷酸酯，是一种中等毒性的有机磷杀虫剂。Menon 等人报道了一种由磺化杯[4]间苯二酚芳烃与银纳米颗粒复合而成的材料[78]。如图 4-2 所示，这种材料能够在水溶液中通过溶液颜色由黄色变为红色的方式对乐果进行可视化检测。值得注意的是，对于其他常见的杀虫剂（如敌敌畏、巴拉松、2,4-二氯苯氧乙酸、己唑醇、吡虫啉、久效磷）的加入，溶液颜色并无明显变化。该方法的检出限低至 0.8×10^{-9} mol/L。用于工业废弃物中乐果的回收时，其回收率可达 98%。

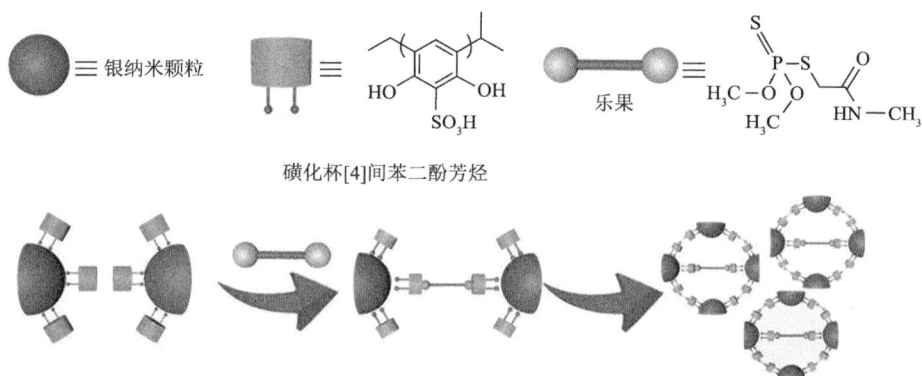

图 4-2 磺化杯[4]间苯二酚芳烃与银纳米颗粒复合材料的制备示意图

4.1.3 二氧化钛纳米管复合体系

有机磷杀虫剂丙溴磷主要用于防治棉花、马铃薯、大豆等农作物的虫害，尤其在美国等国家得到了广泛的应用。Oueslati 和他的团队报道了一种独特的 3D 纳米材料，该材料是由杯[4]芳烃单分子层负载到二氧化钛纳米棒和纳米管上制备而成[79]。这种纳米材料具有压力、热和光响应性。从拉曼光谱中可以看出，相邻的杯芳烃通过 π-π 堆积相互作用，并且在紫外光引发

TiO$_2$ 敏化时，展现出可调节的传感性能。当引入对异丙酚时，浸泡在普罗芬福溶液中的纳米棒电流密度增加了约 6 倍，表明该材料能够有效地检测对异丙酚。

4.1.4 纤维分子印迹膜复合体系

Li 等人利用杯[4]芳烃衍生物，通过溶胶-凝胶法制备了一种用于萃取有机磷杀虫剂中甲基对硫磷的纤维分子印迹膜（MIP）[80]。结果显示，这种纤维分子印迹膜具有出色的萃取能力、优异的热稳定性和良好的耐溶剂性。结合气相色谱法和氮磷检测仪，利用这种方法对苹果和菠萝样品进行了加标实验，测试有机磷农药甲基对硫磷的含量。与其他液-液和固相萃取方法相比，这种方法具有良好的回收率和较低的检出限。

Cao 等人开发了一种基于杯[4]芳烃衍生物的分子印迹膜声波仿生传感器，专门用于检测有机磷化合物中的二甲基膦酸甲酯和二异丙基甲基膦酸甲酯[81]。这种声波仿生传感器能够在低浓度下检测含有有机磷试剂的气体，在预警系统中具有潜在的应用价值。通过对其他 30 种气体（包括胺、芳香烃、醛等）进行竞争和干扰实验，结果显示该传感器具有良好的抗干扰能力。

4.1.5 2D 纳米片复合体系

Yu 等人将杯[4]芳烃衍生物与 5-硝基-1,3-苯二甲酸和

Cd（NO$_3$）$_2$·4H$_2$O 进行反应，生成了一种二维层状的超分子体系。该体系通过弱的 π-π 相互作用形成了一种三维的金属有机框架（MOF）材料[82]。在超声和离心的作用下，这种三维 MOF 材料分解为超薄的胶体二维纳米片。通过透射电镜（TEM）观察，可以看到这些纳米片结构呈单层片状，厚度为 2.20 nm 双层为 3.73 nm。造成纳米片厚度不同的原因是：三维 MOF 材料的层与层之间存在不稳定的甲醇溶剂分子。

在本节已经提到杯[4]芳烃存在多种构象，其中主要的构象是具有空腔结构的锥状。基于这一特性，Liu 等研究者将他们制备的二维纳米片应用于有机磷除草剂 N-（磷酰基甲基）甘氨酸（草甘膦）的检测，如图 4-3 所示。他们将草甘膦涂抹到二维纳米片上，发现该体系的荧光得到了增强并发生了红移。在草甘膦浓度为（2.5～45）×10^{-6} mol/L 的范围内，其荧光变化呈线性关系，计算出的检出限为 2.25×10^{-6} mol/L，表明这种二维纳米片在检测草甘膦方面具有一定的应用潜力。

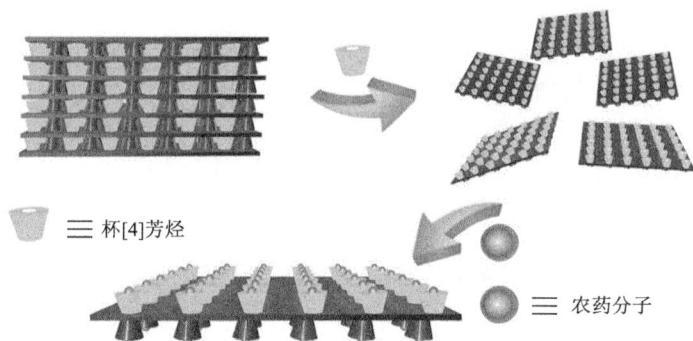

　　杯[4]芳烃　　　　　　　　　　　农药分子

图 4-3　杯芳烃二维薄片用于草甘膦检测示意图

4.1.6　对叔丁基杯[6]-1,4-冠-4 溶胶-凝胶膜 复合体系

在 2005 年，Li 及其团队报道了一种以叔丁基杯[6]-1,4-冠-4 溶胶-凝胶膜为基础的传感器[83]，专门用于检测对硫磷。将该传感器在磷酸盐缓冲液（0.1mol/L）中培养 20min 后，通过循环伏安法、线性扫描伏安法、计时安培法和交流阻抗谱来监测对硫磷的电化学行为。研究结果显示，在 $5.0 \times 10^{-9} \sim 1.0 \times 10^{-4}$ mol/L 浓度范围内，反应呈现出良好的线性关系，其检出限为 1.0×10^{-9} mol/L（S/N = 3）。此外，该方法还可应用于喷洒了对硫磷溶液的大米样品（干燥 2 天），它对硫磷含量的测试结果与高效液相色谱法（HPLC）测量值接近，这表明该方法对农作物中对硫磷的检测具有一定的应用潜力。

4.2　杯芳烃及其衍生物对有机氯类农药的检测

4.2.1　杯[4]芳烃体系

4.2.1.1　含 Fe_3O_4 纳米粒子体系

己唑醇(hexaconazole, 2-(2,4-二氯苯基)-1-(1H-1,2,4-三唑-1-基)-己-2-己醇)主要用于防治由真菌引起的水稻疾病，如水稻纹枯病。毒死蜱[Chlorpyrifos Standard, O,O-二乙基-O-（3,5,6-三氯-2-吡啶基）硫代磷酸酯]是一种化学农药，具有触杀、胃毒和熏

蒸作用。这两种农药在亚洲等地区得到了广泛的应用。Nodeh
及其合作者开发了一种从水溶液中去除这两种农药的方法[84]。
他们首先将 Fe_3O_4 纳米颗粒与氧化石墨烯和 N-甲基-D-葡胺功能
化的杯[4]芳烃复合，形成了一种新型的吸附材料，并通过扫描
电镜和 X 射线衍射等方法对其结构进行了表征。在 pH=6.0 的条
件下，该吸附材料能够对己唑醇和毒死蜱进行选择性吸附，吸
附效率均超过 90%。通过动力学数据采用拟二阶模型（R^2>0.99）
和 Langmuir 吸附等温线推测，该吸附材料对农药的吸附为单分
子吸附（即物理吸附）。经过 20 次吸附和解吸循环实验后，其
吸附效率没有明显改变，表明该体系具有良好的稳定性和可逆
性。该吸附材料在实际样品（自来水、废水和河水）中对己唑
醇和毒死蜱的吸附效率分别达到 90%、81% 及 87%以上。

4.2.1.2　硅油光纤涂层体系

Dong 及其合作者提出了一种在水溶液中提取农药的无溶
剂萃取技术[85]。他们首先在水溶液的上层提取待分析物，然后
使用硅油光纤作为保留相，最后将样品送入气相色谱仪进行检
测。这种硅油光纤是通过在纤维上涂抹硅油制成的，然后使用
溶胶-凝胶法将 5,11,17,23-四叔丁基-25,27-二氧代-26,28-二羟基
杯[4]芳烃进行涂层。该方法已成功应用于研究萝卜中 α-、β-、γ-
和 δ-六氯环己烷、1,1,1-三氯-2-(2-氯苯基)-2-(4-氯苯基)乙烷、
1,1,1-三氯-2,2-二(4-氯苯基)乙烷、2,4′-二氯苯酮、4,4′-二氯苯酮、
1,1-二氯-2,2-二(4-氯苯基)乙烯、二(4-氯苯基)甲烷、1,1-二氯-2,2-
二(4-氯苯基)乙烷和异狄氏剂的检测。在对实验过程中的温度、

时间和离子浓度等因素进行优化后，发现当萝卜样品稀释 8 倍时，该方法具有较好的抗干扰能力，对所测农药的检出限低于 174 ng/kg。

Li 等人也开展了对一些氯酚类农药化合物（包括 2-氯酚、2,4-二氯酚、2,4,6-三氯酚和五氯酚）的检测研究[86]。使用溶胶-凝胶法制备了端基为 5,11,17,23-四叔丁基-25,27-二氧代-26,28-二羟基杯[4]芳烃的羟基硅油，用于分析检测上述氯酚农药。研究发现，这种涂层纤维的热稳定性可以达到 380℃。实验优化结果表明，当操作温度为 40℃，pH 为 2，操作时间为 20min 时，萃取效率最高。与传统纤维相比，这种纤维具有更高的力学性能和热稳定性。在对五氯酚进行检测时，即使在循环使用 180 次后，萃取效率也没有明显变化。其检出限在 0.005～0.276 µg/L 范围内。当将该方法应用于河水和鸭湖土壤中五氯酚的检测时，发现河水的回收率大于 86%，土壤样品的回收率大于 81%。

4.2.1.3　其他杯[4]芳烃体系

另外一种功能化杯[4]芳烃被 Kalchenko 等人设计合成：将两个或四个二羟基磷酸根通过氨甲基直接连接在杯[4]芳烃的上边缘（如图 4-4 所示）。该杯芳烃与除草剂阿特拉津和 2,4-二氯苯氧乙酸在水溶液中的主客体相互作用已通过反相高效液相色谱法进行研究[87]。实验结果表明，这两种除草剂均能进入杯芳烃的疏水空腔，形成 1∶1 的主客体复合物。阿特拉津和 2,4-二

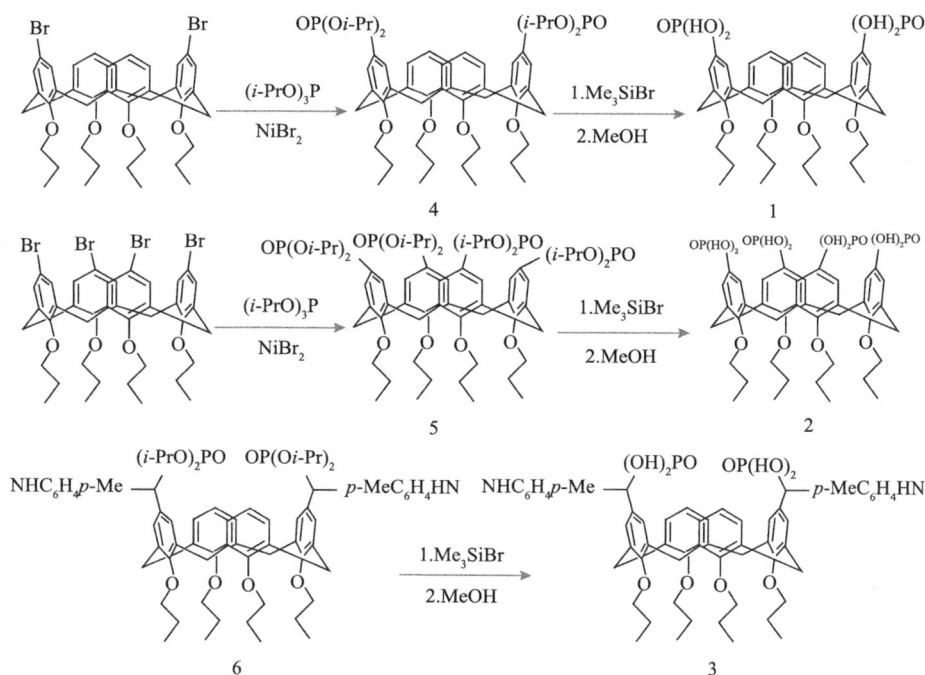

图 4-4　功能化杯[4]芳烃合成示意图

氯苯氧乙酸与杯芳烃的结合常数分别为 2513～6785 L/mol 和 772～5077 L/mol。杯芳烃的刚性结构或主客体之间的氢键作用都会影响结合常数的大小。如在对含有氨基甲基杯[4]芳烃的衍生物与 2,4-二氯苯氧乙酸主客体的研究中，两个分子内的氢键和 π-π 相互作用使得杯[4]芳烃呈现出明显的扁平化锥形构象，这降低了其对客体分子封装的能力，从而使得结合常数变小。

4.2.2　杯[n]芳烃（n>4）与有机氯类农药的组装研究

六氯环己烷（BHC，六六六）是一种有机氯广谱杀虫剂，其生物活性主要取决于 γ-异构体的含量。六六六作为胆碱酯酶抑制剂，能在昆虫神经膜上发挥作用，导致昆虫动作失调、痉挛、麻痹甚至死亡，同时对昆虫呼吸酶也有一定的损伤作用。但由于六氯环己烷的其他异构体对人类健康和生态环境都具有一定的危害，所以开发能够去除六氯环己烷及其异构体的方法变得尤为重要。针对这一问题，Memon 及其合作者将对叔丁基杯[8]芳烃负载到二氧化硅纳米颗粒表面，形成了一种复合材料[88]。通过傅里叶红外光谱（FTIR）和扫描电镜（SEM）证实了该复合材料的结构特征。测量不同 pH（2～10）对该体系吸附六氯环己烷和不同异构体效率的影响。研究表明，在 pH 为 8、搅拌时间为 60min 时，吸附效率达到最高。此外，吸附剂的量和六氯环己烷的浓度也会影响吸附效率。当吸附剂的量为 5～35 mg/L，改性二氧化硅纳米材料的用量为 20 mg/L，六氯环己烷的吸附量为 1mg/L 时，该吸附体系符合 Freundlich 吸附模型。α、β、γ、δ 异构体系数分别为 0.054 k_{TH} cm^3/（mg·min）、0.054 k_{TH} cm^3/（mg·min）、0.049 k_{TH} cm^3/（mg·min）、0.055 k_{TH} cm^3/（mg·min），符合准二级动力学。进一步研究发现，在去除异构体的方法上，柱填料方法优于批量处理方法。经过表面改性后的二氧化硅纳米材料在循环使用 5 次后，吸附效率无明显改变。对六氯环己烷同分异构体水样加标实验表明，回收率在 78%～87% 之间，这表明该方法在去除水样中六氯环己烷及其同分异构体方面具有潜在的应用价值。

硫丹，即（1,4,5,6,7,7-六氯-9,9,10-三降冰片-5-烯-2,3-亚基双甲撑）亚硫酸酯，是一种主要用于农业的杀虫剂。由于其剧毒性、生物蓄积性和内分泌干扰素作用，已在欧盟、亚洲和西非等 50 多个国家被禁止使用。Bocchinfuso 等人利用荧光光谱法研究了水溶性 4-磺酸杯[n]芳烃（n=4,6,8）与七氯和硫丹之间的主客体相互作用[89]。研究发现，随着七氯浓度的增大，杯[6、8]芳烃体系的荧光逐渐降低，这表明发生了主客体相互作用。而对于杯[4]芳烃，体系荧光没有明显变化。通过荧光数据计算得出，杯[6、8]芳烃与七氯的结合常数非常接近，这表明杯[6、8]芳烃与七氯的结合能力相当。而杯[4]芳烃由于空腔太小，七氯无法进入，因此二者无明显作用。通过测定不同溶剂（水、乙醇）中结合常数并进行对比，发现在水溶液中结合能力更强，这可能是由于在水中增加了空腔的疏水作用。当硫丹作为客体与杯[6、8]芳烃作用时，杯[6]芳烃与其无明显作用，而杯[8]芳烃与其结合常数为（ 4.7 ± 0.01 ）$\times10^5$ L/mol。上述发现为理解和利用这些复杂的化学反应提供了新的视角。

4.3　杯芳烃及其衍生物对其他农药的检测

4.3.1　基于杯[4]芳烃体系

4.3.1.1　纳米金表面修饰体系的应用

速灭威（3-甲苯基-N-甲基氨基甲酸酯）是一种中等毒性的杀虫剂，虽没有致癌、致畸、致突变的作用，但对鱼和蜜蜂具有较强的毒性。Zeng 等人报道了一种能够选择性识别农药速灭威的杯芳烃体系[90]。他们将杯芳烃下缘的 1,3-位用萘酚基团功能化修饰在纳米金表面。研究发现，该体系能够在常见农药（包括速灭威、抗蚜威、呋喃威、虫螨威、西维因和异丙威）中选择性识别农药速灭威，并伴随着体系荧光明显增强（计算出结合常数为 $1.2×10^5$ L/mol）。通过 ^1H NMR 分析，发现速灭威进入杯芳烃的上边缘，形成作用比为 1∶1 的主客体复合物。其检出限为 $1×10^{-7}$ mol/L。

　　Zhang 等人在纳米金表面修饰了一个含有乙炔基团的杯芳烃（C4AE），形成一种具有疏水性单分子层结构的体系[91]。当该体系与百草枯以及其他三种结构类似的农药发生作用后，通过测量其阻抗，发现该体系能够对百草枯进行选择性识别，其极限灵敏度达到了 $1.0×10^{-12}$ mol/L。该体系对百草枯的识别机理是对强极性分子百草枯的吸引，即百草枯进入极性疏水空腔，形成主客体复合物（如图 4-5 所示）。

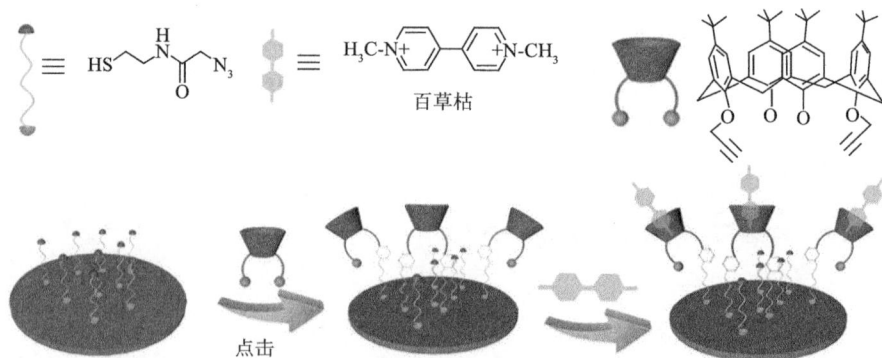

图 4-5　C4AE 与百草枯在金表面相互作用示意图

　　Zhang 等人还将杯[4]芳烃硫辛酸（C4LA）组装在纳米金表面，形成具有单分子层的自组装体系（如图 4-6 所示）[92]。通

过 X 射线光电子能谱（XPS）、接触角测量和阻抗谱，证明该
体系被成功构筑，并进一步用来检测氨基甲酸酯类，包括灭多
威、圣叶蝉、呋喃威、虫螨威和西维因等农药。研究发现，该
单分子层自组装体系对这 5 种杀虫剂中的灭多威能够进行选择
性响应，且接触角明显减小。同时，灭多威的引入会导致电化
学阻抗发生变化。进一步通过紫外-可见吸收光谱研究表明灭多
威与杯芳烃能够形成 1∶1 的主客体复合物，而其他农药的加入
则不会导致体系光谱发生明显变化。

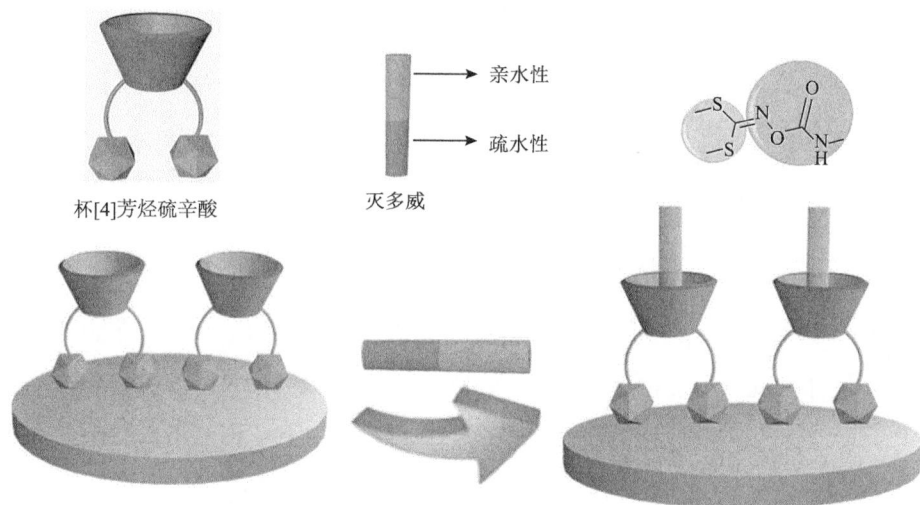

图 4-6　C4LA 对灭多威识别过程示意图

4.3.1.2　二氧化硅表面修饰体系的应用

Memon 研究组利用对四硝基杯[4]芳烃改性二氧化硅纳米
表面，应用于吸附水溶液中的虫螨威（2,2-二甲基-2,3-二氢-1-
苯并呋喃-7-甲氨基甲酸酯）[93]。主要通过傅里叶变换红外光谱
（FTIR）和扫描电镜（SEM）对该复合材料的结构进行了表征。

pH 在 2～10 的范围内，随着溶液碱性的增加，对虫螨威的吸附量减少。因此，选择在 pH 为 5 时进行吸附实验。在 5.0×10^{-4}～5.0×10^{-3} g/mL 浓度范围内改变吸附量，研究表明，当吸附量超过 3.0×10^{-3} g/mL 时，吸附效率无明显增加。相比未改性的二氧化硅，改性后的二氧化硅材料对虫螨威的吸附效率增加一倍以上（即从 48% 增加到 98%）。他们将 Morris-Weber 模型应用到动力学实验，并利用该模型对数据进行分析，以确定该吸附实验的速率决定步骤。根据 Langmuir、Freundlich 和 Dubinin-Radushkevich 等温模型评估实验，结果表明，该吸附遵循伪二级动力学，外部扩散过程为速率决定步骤。此外，该过程属于自发进行的放热反应，即随着温度的升高，客体的吸附量降低。当用乙酸乙酯做溶剂振荡改性的二氧化硅纳米材料 10 min，即可完成对虫螨威的脱附。改性的二氧化硅纳米材料至少可以循环利用 5 次。这些结果表明，四硝基杯[4]芳烃的引入增加了材料的吸附性能。

4.3.1.3　量子点体系的应用

Li 等人采用溶胶-凝胶法合成了二氧化硅微球发光量子点 CdTe，将量子点与杯[4]芳烃衍生物组装，发现该组装体具有优越的发光性能[94]。由于杯[4]芳烃衍生物的存在，其荧光强度增加了 87%。但过量的杯状[4]芳烃衍生物会导致体系产生沉淀，从而使其荧光强度急剧下降。研究发现，随着时间的推移（长达 6 天），荧光强度呈现先增加后下降的趋势。相比未与杯[4]芳烃组装的量子点，其量子产率从 12% 增加到 15%。在 pH 为 8，

体系浓度为 10^{-5} mol/L 时，该纳米复合材料能够在多种农药（包括灭多威、甲基对硫磷、螨胺磷、水胺硫磷和啶虫脒等）中选择性识别灭多威，并伴随着体系荧光强度的显著增强。在灭多威浓度为（0.1～50）×10^{-6} mol/L 范围内，呈现良好的线性关系，其检出限为 $8.0×10^{-8}$ mol/L。

4.3.1.4　离子液体体系的应用

Tian 等人利用杯芳烃功能化纳米纤维，在离子液体中对水果和蔬菜所含三嗪类除草剂（包括莠去津、西玛津和扑灭津）进行检测[95]。将纳米纤维与色谱-火焰离子化检测器相结合，优化实验条件后，对阿特拉津和对草净津的检出限分别达到了 3.3 μg/kg 和 13.0 μg/kg。为了验证该方法的可行性，利用标准加入法测试了番茄、黄瓜和卷心菜等实际样品中的莠去津、西玛津和扑灭津，其回收率在 71.5%～96.9% 之间。这些结果表明，该方法在检测三嗪类除草剂方面具有潜在的应用价值。

4.3.1.5　其他杯[4]芳烃体系的应用

醚菌酯((2E)-(甲氧亚氨基){2-[(2-甲基苯氧基)甲基]苯基}乙酸甲酯)不仅具有广谱的杀菌活性，而且具有很高的选择性，在作物和人畜上相对安全。Bayrakci 及其合作者利用杯[4]芳烃与萘酰亚胺共价连接构建了一种荧光探针（为表述方便，简称为 SO-NA），其合成路线如图 4-7 所示。

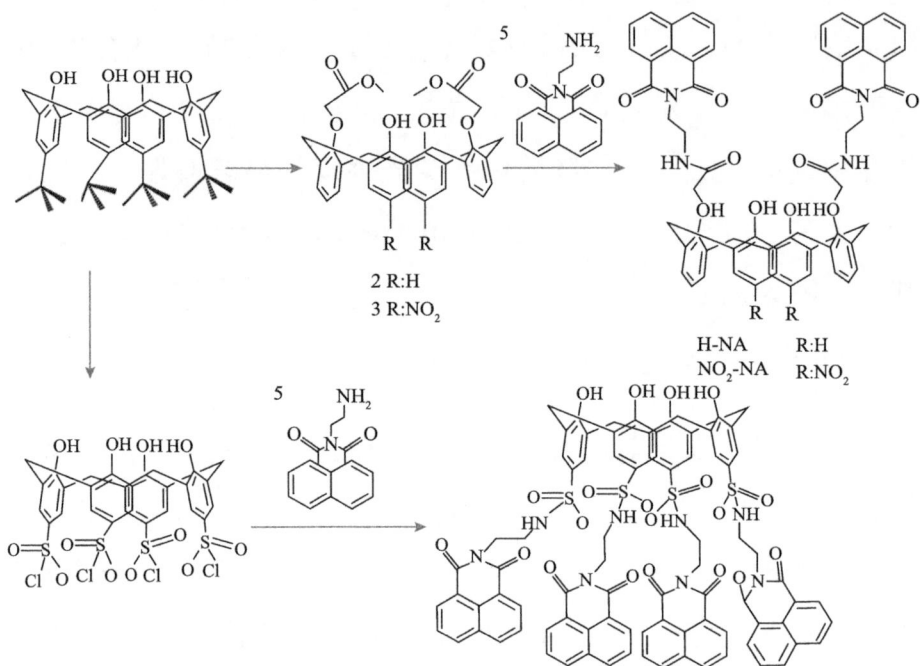

图 4-7 荧光探针 SO-NA 的合成路线

将该探针应用于识别甲霜灵、烯酰吗啉、氟硅唑、环丙嘧啶、嘧霉胺、三氟咪唑、醚菌酯等农药。Yilmaz 等人研究发现，在杯芳烃上边缘被萘酰亚胺修饰的情况下，引入醚菌酯后，体系荧光发生了 94.6%的猝灭。而加入其他农药后，其荧光无明显变化，表明该探针能够对醚菌酯进行选择性识别。通过荧光数据计算出结合常数 K_a 为 0.59×10^3 L/mol（25℃），45℃时下降为 0.12×10^3 L/mol，表明温度升高，复合物的稳定性降低。利用等摩尔连续变化法证实主客体作用比为 1：1。此外，在探针-醚菌酯体系中加入尿素会竞争出醚菌酯，溶液颜色由苍白到蓝绿色变化，从而实现对醚菌酯的可视化检测[96]。

Wang 的研究组探讨了对磺化杯[4]芳烃与百草枯作用后降

低其毒性的可能性[97]。利用高效液相色谱法（HPLC）测定大鼠在急性中毒百草枯时，体内百草枯含量的分布情况。根据血浆浓度曲线，发现对磺化杯[4]芳烃与百草枯形成主客体复合物后，能够降低百草枯的毒性。此外，体外实验研究表明，引入对磺化杯[4]芳烃后，胃肠道中游离的百草枯浓度会降低。这些结果表明，即使是口服药物，对磺化杯[4]芳烃和百草枯形成稳定的复合物也可以降低百草枯的毒性。

4.3.2　杯[6,8]芳烃体系的应用

Garcia-Sosa 课题组研究了杯[6,8]芳烃与百草枯在溶液和固体状态下的相互作用[98]。利用元素分析和中子活化分析发现：在固体状态下，杯[6,8]芳烃与百草枯能够形成 1：1 的主客体复合物。而在溶液状态时，主客体作用情况相对复杂，这是由于杯芳烃的大小、形状以及溶剂极性都会影响主客体复合物的稳定性。发光强度和摩尔吸收系数的变化（增加）表明主客体之间存在阳离子-π 相互作用。量化计算表明，在极性溶剂中杯[8]芳烃能够调节空腔大小封装百草枯，而杯[6]芳烃的空腔相比于杯[8]芳烃要小，只能部分包结百草枯。在 pH=7.72 的自来水和 pH=5.44 的蒸馏水中测定复合物的稳定性。发现杯[6]芳烃-百草枯体系的稳定性与 pH 有关，在 pH<6 时，主客体复合物发生明显解离，而杯[8]芳烃-百草枯体系更为稳定。

Wang 和他的团队研究了对磺化杯[4,5]芳烃和对磺化噻吩杯芳烃[4]芳烃与百草枯和敌草快的相互作用[99]。研究结果表

明，杯芳烃与百草枯和敌草快形成的主客体复合物均可降低农药的毒性，并在不同的 pH（1.5 和 7.2）下探索了杯芳烃与百草枯和敌草快的结合能力。发现在中性和酸性条件下，形成的主客体复合物较为稳定。通过 ^{1}H NMR 研究杯芳烃与敌草快在不同 pH（2.0 和 7.2）条件下的主客体作用模式。结果表明，敌草快在杯芳烃空腔内发生不同程度的倾斜，其中在磺化杯[4]芳烃空腔中倾斜程度最高。单晶结构也进一步表明敌草快在磺化杯[4]芳烃空腔的倾斜封装，同时利用 ITC 数据表明主客体作用比为 1:1。通过电化学研究发现，磺化杯[4]芳烃与敌草快作用后，敌草快的还原电位发生负移。进一步对小鼠急性毒性进行实验，结果表明，对磺化杯芳烃的存在将不同程度降低敌草快对小鼠肺和肝的伤害。即使在小鼠服用磺化杯[4]芳烃-敌草快复合物 2h 后，中毒情况也在一定程度上得到抑制。

　　Xiong 等人研究了对磺化杯[4,8]芳烃功能化纳米银颗粒作为传感器对农药的识别行为[100]。如图 4-8 所示，该传感器能够在异丙二酮、啶虫脒、噻苯达唑、奥普顿、嘧虫胺、甲基对硫磷和灭多威等多种农药中选择性识别奥普顿，并且伴随着溶液颜色由黄色到红色的变化。通过紫外-可见吸收光谱可以看出，在 490 nm 和 393 nm 处紫外吸收峰变化较大，这可能是杯芳烃空腔对奥普顿磷上氨基和芳香基团的吸引所致。并通过紫外-可见吸收光谱数据计算出检出限低至 10^{-7} mol/L。该传感器检测水胺硫磷的结果与 HPLC 检测结果相一致，表明该传感器具有较好的应用前景。然而，当引入较大的对磺基甲壳素[8]烯作为主体时，发现对上述农药没有明显的选择性，这可能是对磺基甲壳素[8]烯没有疏水性空腔的缘故。

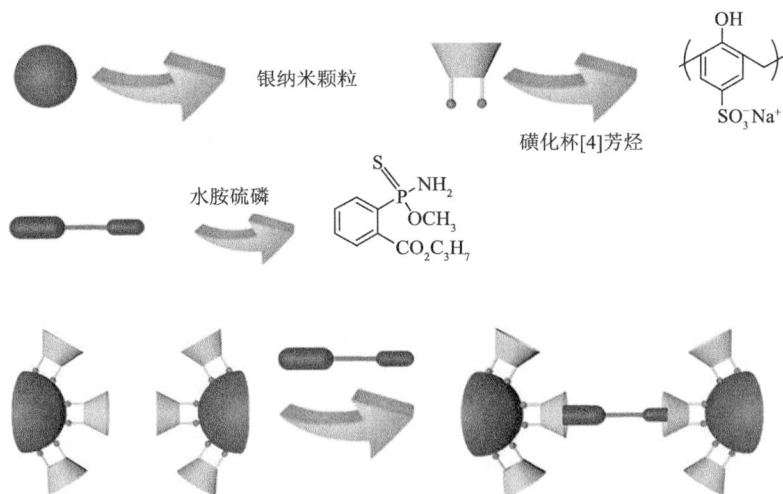

图 4-8　功能化磺化杯[4]芳烃-银纳米颗粒检测奥普顿示意图

4.3.3　间苯二酚杯芳烃体系的应用

Nikolelis 等人报道了一种将磷酰间苯二酚杯[4]芳烃衍生物负载到玻璃纤维上，并用甲基丙烯酸酯聚合物制备成脂膜的方法[101]。通过流动注射电化学分析法研究其对冰淇淋、罐装蘑菇和豆类等食品中虫螨威的识别作用。结果发现，磷酰间苯二酚杯[4]芳烃和虫螨威之间通过氢键作用形成了主客体复合物，从而导致虫螨威在脂膜表面发生聚集，底物浓度的改变使得静电场发生了变化。该体系对虫螨威的识别具有快速、灵敏、检出限低（纳摩尔级）等优点，脂膜在空气中存放 1 个月后仍可重复使用，并具有较好的抗干扰能力。

第5章
农药与环糊精的超分子组装及应用

环糊精是一类环状低聚糖（图 5-1）。对环糊精的基础研究始于 20 世纪 30 年代，但直到 50 年代关于环糊精包埋复合物的研究才趋于成熟，对环糊精的制取方法、物理化学性质和研究逐渐增多，从而在食品、医药、化妆品、香精等方面的应用不断扩大，并发现其用途广泛[102]。1960 年日本对它进行中试生产，此后，环糊精才逐步进入了工业化生产阶段。2013 年，Wang 等人总结了环糊精的包合现象及其应用[103]，2016 年，Lay 等人综述了环糊精的应用现状[104]。考虑到大多数研究都涉及 β-环糊精的使用，本章将它按照使用的农药种类进行了结构化，即有机磷、有机氯、烟碱类、有机酯类和其他杀虫剂，类似于杯芳烃第 4 节，进一步的子节包括使用载体、纳米粒子、分子印迹等。

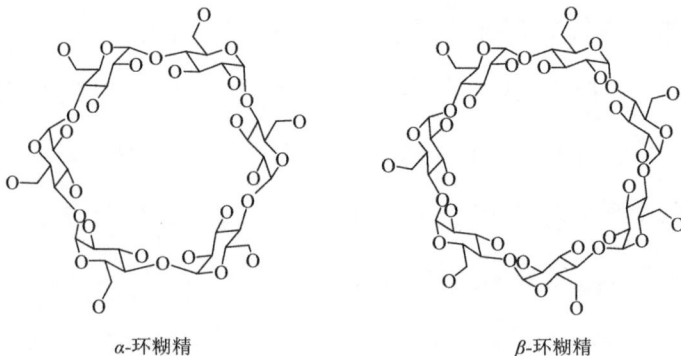

α-环糊精　　　　　　　　　　β-环糊精

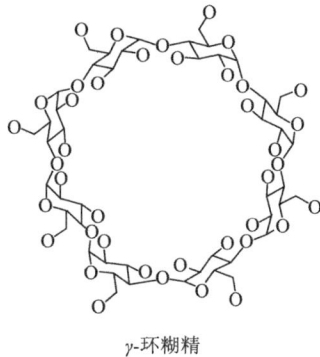

γ-环糊精

图 5-1　α-，β-和 γ-环糊精结构式

5.1　环糊精及其衍生物对有机磷农药的检测

5.1.1　纳米粒子的应用

Wang 等人报道了一种基于 β-环糊精包覆银纳米粒子和 2,3-二氢-5-氧代-5H-噻唑基-[3,2-a]吡啶-7 羧酸的农药检测方法[105]。利用荧光共振能量转移考察，当两者结合时，能量在前面提到的两个组分之间转移，从而导致猝灭效应。然而，添加马拉硫磷后，荧光恢复，从而可以检测出马拉硫磷（检出限为 0.01 μg/mL）（图 5-2），线性范围为 0.1～25 μg/mL。在实际水样中添加不同浓度的马拉硫磷，当添加量为 0.4 μg/mL 时，马拉硫磷的回收率为 83%，而添加浓度为 0.3 μg/mL 或 0.6 μg/mL 时，回收率为 101%左右。

Miao 等人将 Pt-Au 纳米粒子通过电沉积在多壁碳纳米管修饰的玻碳电极上，构建了一种新型的生物传感器[106]。将该传感器用于检测食品（卷心菜）和饮料（水和牛奶）中的多种农药

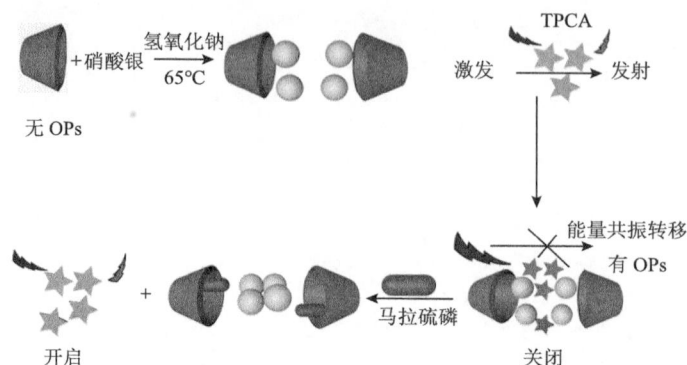

图 5-2 基于 β-环糊精银纳米粒子的制备及检测马拉硫磷示意图

（如马拉硫磷、毒死蜱、杜福林和甲基对硫磷等）。为了完善该生物传感器，在 L-半胱氨酸存在下，将乙酰胆碱酯酶和胆碱氧化酶的生物复合物共同固定在电极表面。所生成的过氧化氢大大增加了与鲁米诺相关的电化学发光信号，后者具有成本低、氧化电位低和发射率高的特点。农药的加入会导致 H_2O_2 水平降低，从而减弱发光信号。结果表明，随着农药浓度的增加，其发光信号明显下降。结果显示，马拉硫磷的检出率为 1.6×10^{-10} mol/L，甲基对硫磷的检出率为 0.9×10^{-10} mol/L，毒死蜱的检出率为 0.8×10^{-10} mol/L，杜福灵的检出率为 29.7×10^{-9} nmol/L，且杜福灵的线性范围为（$50 \sim 500$）$\times 10^{-9}$ mol/L。在卷心菜样品中，农药回收率高达 108.43%。

Zhao 和同事报告了一种用于检测农药马拉硫磷和西维因的乙酰胆碱酯酶生物传感器[107]。首先将乙酰胆碱酯酶固定在由电化学还原氧化石墨、金纳米粒子、β-环糊精和玻碳电极上的普鲁士蓝/壳聚糖组成的纳米复合膜上。氧化石墨与纳米金的结合增强了普鲁士蓝与电极表面的电子转移，从而增强了硫代胆碱的电化学氧化。此外，普鲁士蓝/壳聚糖的存在使硫代胆碱的氧化电位从 0.68 V 降到 0.2 V，从而显著提高了体系的灵敏度。β-环糊精的存在提高了传感器的选择性。

通过改变马拉硫磷和甲萘威的浓度，对其进行分析检测，发现在 pH = 6.5 时，氧化峰电流随着马拉硫磷和西维因的浓度增加而减小，直至达到饱和点。根据测定过程中氧化峰电流的位移值，确定出农药的浓度。马拉硫磷的检出限为 4.14×10^{-9} g/mL，甲萘威的检出限为 1.15×10^{-9} g/mL，线性范围均较宽（$1 \times 10^{-9} \sim 4.3 \times 10^{-9}$ g/mL）。同时马拉硫磷、西维因应用于蔬菜中农药检测的回收率分别为 106.7%、101.5%。

5.1.2　二氧化硅材料的应用

Pellicer-Castell 等人筛选了多种介孔二氧化硅材料作为吸附剂，检测并萃取水中有机磷农药[108]。吸附剂由加入 Ti 或 Fe 掺杂剂的 M-UVM-7 组成；还对环糊精硅基载体进行了筛选。测量了孔隙大小、体积以及 BET（比表面积）。通过气相色谱耦合到氮磷选择检测器检测。使用的农药有灭线磷、二嗪磷、甲基毒死蜱、甲基立枯磷、杀螟硫磷、马拉硫磷、毒死蜱和对硫磷。结果表明，Ti 掺杂材料 Ti25-UVM-7 的提取率最高。为了验证最佳条件，调节了各种参数，如 pH 和体积等。回收率高达 104.5%，一天内的相对标准偏差小于 7.8%（一天内有 3 个复制体），不同天数的相对标准偏差为 12%（即在 3 个不同的日期进行 3 个系列 3 个不同的试验）。GC-MS 的检出限为 0.2 ~

1.4 mg/mL。该系统也应用于一些加标的水样，结果发现与商业 C18 柱得到的结果相似，且系统的可重复使用性超过了商业 C18 柱。

5.1.3　环糊精基质分子印迹技术在农药中的应用

Huang 的研究组采用溶胶-凝胶分子印迹技术制备的固相微萃取探针（quinalphos 模板），用于食品（如番茄、卷心菜）和水中农药的测定[109]。筛选了喹硫磷、三唑磷、对硫磷、倍硫磷和甲基毒死蜱五种农药。探针的提取能力受 pH 等因素的影响，当 pH 在 5.6～6.2 之间时，探针的提取能力随着 pH 的增加而提高，但随着 pH 的进一步增加，探针的提取能力下降。这一现象可以根据农药与水形成氢键的能力来解释。温度也是一个影响因素，35℃被认为是最佳温度，搅拌速度和提取时间也对提取能力产生影响。同时检测五种农药的线性范围为（0.02～2.0）×10^{-3} mg/mL，检出限为（3.0～10.0）×10^{-3} mg/mL。当与番茄、卷心菜和水等混合使用时，回收率在 82%～98% 之间。

利用分子印迹技术，Pan 等人制备了单[6-脱氧-6[（十亚甲基硫基）硫]]-β-环糊精，并将它应用于表面声波传感器检测神经性毒剂沙林（2-甲基膦酰氟丙烷）[110]。用原子力显微镜和电化学阻抗谱对含 β-环糊精的薄膜进行了表征，结果表明，在镀金区域显得粗糙。为了验证单 6-脱氧（1,10-癸二巯基）-β-环糊精膜的检测效果，采用不同成分的薄膜进行检测，没有分子印迹的薄膜与沙林的相互作用很小。然而，使用单 6-脱氧（1,10-

癸二巯基)-β-环糊精膜得到了非常不同的快速和高频率的响应。环境温度下沙林检测频移为 300 Hz，低检出限为 0.10 mg/m^3[线性范围为（0.7～3.0）mg/m^3]。当温度升高到 50℃时，频率偏移减小，响应和恢复时间也随之缩短。在存储方面，该系统可以在环境温度下使用 60 天以上，响应频率不会有明显的变化。

5.1.4　聚-β-环糊精基质

Moon 及其团队利用了一种能够快速分解甲基对氧磷的生物催化化合物[111]。将该化合物（有机磷水解酶）包埋在聚-β-环糊精基质中，证明了通过主客体相互作用捕获甲基对氧磷的可能性，而不是疏水性较低的分解产物对硝基苯酚。甲基对氧磷与对硝基苯酚的吸附比为 1.7∶1。通过这种操作，系统可以中和与有机磷农药相关的毒性效应。最佳 pH 为 8.6，当 pH 较高时，对硝基苯酚异构化为酚酸盐，吸附量降低。值得注意的是，固定化有机磷水解酶的反应速率为 23%，比游离酶低。固定化系统表现出良好的保质期，可以在降解（即甲基对氧磷水解）之前使用更长的时间（例如 4 天）。

5.1.5　其他 β-环糊精体系

Cruickshank 等人用甲基化的 β-环糊精处理杀螟硫磷[O,O-二甲基-O-（3-甲基-4-硝基苯基）硫代磷酸酯]、倍硫磷[O,O-二甲基-O-[3-甲基-4（甲硫基）苯基]硫代磷酸酯]和乙草胺[2-氯-N-

（2-乙氧甲基）-N-（2-乙基-6-甲苯基）乙酰胺]三种农药，得到的同构（空间基团 P212121）包合物的分子结构已用 X-射线晶体学测定[112]。在两种有机磷酸酯结构中，客体分子具有靠近主体边缘的二甲基硫代磷酸酯单元，这些边缘被多个甲氧基封闭。在氯乙酰苯胺体系中，客体的取向有所不同。特别是芳基被完全包裹，乙基和氯乙氧甲基乙酰氨基从宿主腔的次级边缘伸出。甲氧基封锁了初级边缘，并以宿主类似杯状的方式取向。这些配合物的热重分析中显示出两个明显的质量损失，归因于客体释放和分解。采用等温和非等温热重法研究了客体的解离过程，选用一级反应模型和三维扩散模型两种机理，计算得到这些物种失去客体的活化能，平均为（149～158）kJ/mol。

5.2　环糊精衍生物在有机氯检测中的应用

5.2.1　磁性纳米粒子的应用

Wang 等人设计了一种利用磁性固相萃取结合 GC-QTOF-MS 检测土壤中有机氯农药的方法[113]。该方法的核心是合成含 Fe_3O_4@β-cyclodextrin 的脂质双层纳米复合材料。使用 α-氯丹、十氯酮、六氯苯、林丹、α-六氯环己烷、o,p-二氯二苯三氯乙烷、灭蚁灵、p,p'-滴滴涕和五氯苯 9 种农药。通过磁固相萃取，形成包合的疏水性化合物可以选择性吸附农药，检测限低至（4.5～34）×10^{-9} mg/g。采用 7 种不同 pH 和 %C 含量的土壤，回收率在 78%～107%之间，精密度良好（≤6.9%）。

4-氯苯氧乙酸和 2,3,4,6-四氯苯酚仅表现出中等程度的毒性，因此被广泛应用，这反而导致它们在环境中不受欢迎。Salazar 等人使用磁性纳米粒子（Fe_3O_4）修饰的 β-环糊精（其聚合物在文中描述为纳米海绵）设计了一种检测它们的方法，并与 β-环糊精体系石墨化活性炭的性能进行了比较[114]。将任意一种农药添加到"纳米海绵"中形成包合物，采用 ^{1}H NMR、UV-Vis 光谱、TGA（热稳定性提高）、SEM、EDS 和 PXRD 等多种技术对两种包合物进行表征。紫外-可见光谱研究揭示了这种"纳米海绵"从水溶液中去除这些氯代农药的能力。空间效应最有利于 4-氯苯氧乙酸包合物在"纳米海绵"上的形成。该体系被证明可重复使用，有趣的是，通过加入 Fe_3O_4（磁铁矿），"纳米海绵"甚至可以使用磁铁（钕基）从水溶液中回收，而且吸收率没有任何损失。

Mahpishanian 和 Sereshti 报道了一种从蜂蜜中提取有机氯农药的系统（筛选了 16 种农药）[115]。系统为 β-环糊精/氧化铁还原氧化石墨烯的复合物，可由无毒材料一步制备。通过 SEM、XRD、FT-IR、Raman 光谱和 VSM 等多种技术对该复合材料的合成进行了表征。结合涡旋辅助磁固相萃取和气相色谱-电子捕获检测，将其应用于 16 种农药的检测。该方法经过优化，检出快速、检出率低[检出限：（0.52～3.21）×10^{-9} mg/g]，回收率在78.8%～116.2%之间。该技术的原理是利用涡流的能力，扩大了农药和吸收剂之间的接触面积。

5.2.2　碳纳米管/活性炭的应用

二氯芬[4-氯-2-（5-氯-2-羟苯甲基苯酚）]是防治绦虫最常用的杀虫剂。Sipa 和他的同事设计了一种基于方波吸附溶出伏安法的检测方法[116]。将 β-环糊精和多壁碳纳米管置于玻碳电极上。通过原子力显微镜（AFM）、电化学阻抗谱（EIS）和循环伏安法验证了电极的组成。

在 pH 为 6.5（磷酸盐缓冲液）条件下，线性范围为（$5.0 \times 10^{-8} \sim 2.9 \times 10^{-6}$）mol/L。该方法具有较低的检出限（$10^{-8}$ mol/L）和良好的重复性，且无需任何预处理即可应用于河水的分析检测。研究表明，对于固定化的（在玻碳电极上）1:1 主客体复合物，一部分客体被埋在腔内受到保护，另一部分客体裸露在外而被氧化。

十氯酮（十氯五环[5.3.0.02.6.03.9.04.8]癸-5-酮）是目前许多国家都禁止使用的农药，但污染残留仍然存在，特别是在河流和土壤中，仍然会导致严重的疾病。因此，它的检测和去除仍然受到重视，对此，Rana 和同事研究了环糊精@十氯酮主客体复合物的使用以及由环糊精修饰的活性炭组成的混合材料[117]。研究发现，β-环糊精和 γ-环糊精都形成 1:1 的包合物，由于它们在大多数溶剂中的溶解性都较差，可以通过过滤（用活性炭）分离，例如纯化水。所报道的两种方法都优于只使用活性炭，环糊精修饰活性炭体系的效果最好，并且这种改善程度与环糊精的存在量相当。

5.2.3 分子印迹技术的应用

氯吡脲[N-（2-氯-4-吡啶基）-N'-苯基脲]一般用于处理葡萄和猕猴桃。Cheng 等人利用分子印迹技术，将 β-环糊精（作为单体）和1,6-六亚甲基二异氰酸酯（作为交联剂）形成聚合物[118]。在 DMSO 中，印迹聚合物与氯吡脲之间通过疏水作用形成包合物；识别具有特异性和可逆性，如图 5-3 所示。在乙醇中进行吸附平衡实验，结果表明，氯吡脲的吸附量随时间的延长而增加，直至达到饱和点（26.79 mg/g）；整个过程在 30 min 内完成。添加量为 0.05～0.5 mg/kg 的草莓样品进行了氯吡脲含量的

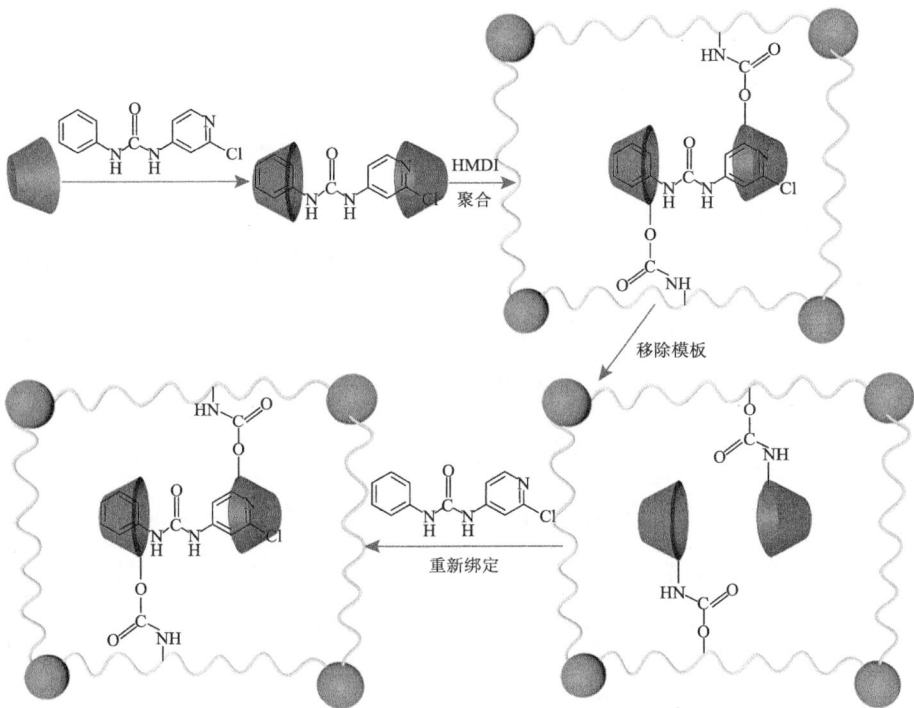

图 5-3 基于 β-环糊精分子印迹聚合物对氯吡脲的检测示意图

测定,发现其回收率为 84.5%～90.8%,检出限为 2.3×10^{-5} mg/kg。与其他检测方法相比,本系统既有经济优势,又有良好的重复性(至少可重复使用 5 次)。

5.2.4 环糊精辅助荧光体系

DiScenza 等人利用环糊精辅助荧光调制技术检测了罗德岛不同地区水样中有机氯农药顺-氯丹、七氯、林丹和灭蚁灵[119]。所用的荧光团为 4,4-二氟-1,3,5,7,8-五甲基-4-硼-3a,4a-二氮杂-S-茚烯,俗称氟硼荧,使用它的原因是本身具有高量子产率。当接近农药时,排放会发生变化,可通过特定的分析物来测量。检测限度为微摩尔级别,与之密切相关的农药(如顺氯丹和反氯丹)可以完全区分。结果表明,该系统具有很好的通用性,可用于不同 pH 值、盐度和温度的水样。

DiScenza 等人报道了之前提到的环糊精促进的荧光调制用于四种杀虫剂灭蝇灵、顺-氯丹、七氯和林丹的检测[120]。筛选了 α-和 β-环糊精、甲基-β-环糊精和 2-羟丙基-β-环糊精等多种材料。采用氟硼荧、罗丹明 6G 和香豆素 6 为高量子产率荧光团。加入杀虫剂后,荧光的变化取决于与荧光团和环糊精的相互作用,这些变化使选择性达到 100%。检测限低至 5.2×10^{-3} mol/L。与不含任何环糊精的条件进行对照,实验表明,当使用较大的环糊精时,分离效果最佳。

5.2.5　其他环糊精体系

百菌清（2,4,5,6-四氯苯-1,3-二腈）多用于花生、马铃薯和番茄，但其有限的水溶性在一定程度上限制了其应用。因此，Gao 等人研究了 β-环糊精和羟丙基-β-环糊精的使用性能，希望得到具有更强水溶性和活性的包合物[121]。分子模拟和光谱数据（FTIR 和 ^{1}H NMR）以及 XRD、SEM 和 TGA 显示，在络合过程中，百菌清被两种主体包合。TGA 结果表明，络合后的热稳定性有所提高。此外，杀菌活性实验表明，随着络合作用的进行，水溶性和抗真菌活性均有所提高。

5.2.6　γ-环糊精的应用

Jáuregui-Haza 等人合成了碘标记化合物 1-碘十氯酮和 β-1-碘五氯环己烷，随后与环糊精形成包合物[122]。开展这项工作的原因是针对农药十氯酮和 β-六氯环己烷的检测问题，这两种农药通常浓度较低，因此很难检测。用多种计算方法测定了包合物的稳定性，确定 γ-CD 形成最稳定的配合物为 I-CLD@CD 和 I-β-HCH@CD，与其他环糊精相比（相对于 α-CD 和 β-CD 异构体），γ-CD 的空腔体积更大，允许完全包合。计算结果表明，标记和非标记农药的包合过程有密切的相似性。这一结果说明，使用这些标记系统作为放射性示踪剂来跟踪这些污染物和其他污染物的去除有一定的可行性。

5.3 环糊精及其衍生物对新烟碱类农药的检测

5.3.1 活性炭表面的应用

吡虫啉（N-{1-[（6-氯-3-吡啶基）甲基]-4,5-二氢-2-硝酰亚氨基}咪唑）广泛用于害虫防治。Zhang、Liu 等人报道了一种基于红外光实现其可控释放的方法[123]。该方法采用具有 PEG 和 α-环糊精修饰表面的中空碳微球，这种凝胶状网络可以吸附农药。然后，该模块涉及碳纳米球在辐射时产生的局部热量，导致网络破裂和农药释放。与仅暴露在阳光下相比，该方法得到了明显的改善，即 77%对 29%的农药释放。研究发现，温度升高对增强释放至关重要，一旦达到溶胶-凝胶转变温度（63℃），凝胶网络坍塌导致释放量大幅增加。通过玉米螟虫防治证实，该体系在害虫防治方面具有很大的潜力。

Utzeri 和同事采用了一种基于活性炭-聚（β-环糊精）复合材料的吸附和控释技术，用于杀虫剂霜脲氰和吡虫啉[124]。以六亚甲基二异氰酸酯为聚合 β-环糊精的交联剂，并分别制备了活性炭质量分数为 5%和 10%的复合材料。凝胶的溶胀程度似乎受活性炭存在的影响，后者可能也起着交联剂的作为。表现出良好的稳定性，吸附量约为 50 mg/g。由表面形态证明，Sips 模型用于吸附，发生了化学和物理相互作用。NaCl（影响离子强度）和土壤添加剂尿素的存在对实验结果影响不大。在释放方面，大约 30% 的初始吸附量可以轻易释放，并且系统在 3 个吸附/解吸循环中没有效率损失。

Oliveira 等人采用由氧化石墨烯和 β-环糊精修饰的玻碳电极组成的电化学传感器检测蜂蜜（对花粉和蜂蜡样品也进行了检查）中新烟碱类杀虫剂吡虫啉、噻虫胺、噻虫嗪[125]。蜂蜜样品的回收率较高（高达 116%），而花粉（<68%）和蜂蜡（<55%）的回收率较低。对吡虫啉的敏感性优于噻虫胺或噻虫嗪，推测是由于吡虫啉容易与 β-环糊精形成包合物。事实上，与只使用玻碳电极的结果相比，响应率显著提高，吡虫啉为 1300%，噻虫胺为 670%，噻虫嗪为 630%。并在包括 Ca^{2+}、Mg^{2+}、Fe^{2+}、K^+、Na^+、NH_4^+ 以及杀虫剂啶虫脒和呋虫胺等多种干扰物存在下进行干扰实验，实验结果表明没有影响。

该课题组也采用类似的方法测定吡虫啉[126]。在相同条件下，与单独使用玻碳电极相比，含有 β-环糊精的传感器的峰电流变化增加了 947%。通过改变 pH、电位、溶解氧含量、搅拌、β-环糊精浓度和扫描速率等因素优化条件，使峰值电流增加了 57%。

2008 年上市的哌虫啶是我国用于防治水稻等害虫的农药之一。Zhang 等人对其进行了电化学测定[127]。该方法使用了 β-环糊精-石墨烯修饰的玻碳电极，与单独使用玻碳电极或石墨烯玻碳电极相比，该电极显示出更高的峰电流。最佳工作温度为 0℃，富集时间为 7 min，pH 为 7.2。该系统可以在环境温度下存储一周而电流响应没有明显的损失。Mg^{2+}、Ca^{2+}、Fe^{2+}、K^+、

Na$^+$和 NH$_4$$^+$等离子均不干扰测量，10 个不同批次的传感器均可
获得重复性结果。线性范围为（1～10）×10^{-6} mol/L、（10～55）×
10^{-6} mol/L，检测限为 0.11×10^{-6} mol/L。将其添加到 10 g（1.6×10^{-6}
mol/L、6.4×10^{-6} mol/L、8.0 ×10^{-6} mol/L、10.0 ×10^{-6} mol/L）谷
物样品中，通过电化学检测哌虫啶，所得结果与高效液相色谱
法相似。

5.3.2   磁性纳米粒子的应用

Liu 等人用磁性 Fe$_3$O$_4$、铜基 MOF 吸附新烟碱类杀虫剂
噻虫嗪、吡虫啉、啶虫脒、烯啶虫胺、呋虫胺、噻虫胺和噻
虫啉[128]。MOF 由 1,3,5-苯三羧酸盐和醋酸铜构筑而成，磁核以
Fe$_3$O$_4$/氧化石墨烯/β-环糊精为载体（图 5-4）。该体系的超分子
识别特性是由于疏水空腔的存在，导致了对农药吸附（容量和
速率）的增加。该 MOF 的比表面积为 250.33 m^2/g，表面覆盖
了一层由 Fe$_3$O$_4$/氧化石墨烯/β-环糊精组成的薄层。体系表现出

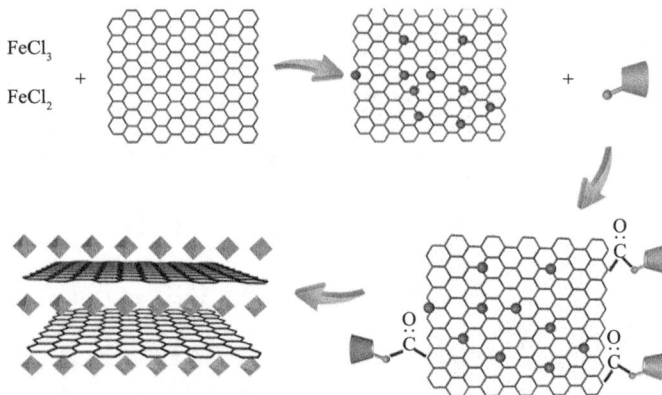

图 5-4   以 1,3,5-苯三羧酸盐和醋酸铜为载体，
Fe$_3$O$_4$/氧化石墨烯/β-环糊精为磁芯构建 MOF 示意图

超顺磁性（饱和磁化强度为 10.47 emu/g）。模拟结果表明，噻虫啉采用 Langmuir 单分子层吸附，而其他农药采用 Freundlich 双分子层吸附。对于加标自来水样品（0.1 mg/L、0.2 mg/L 和 0.5 mg/L），用磁性 MOF（20 mg）处理后，农药几乎完全去除。

5.3.3　液-液微萃取的应用

Vichapong 等人报道了一种基于以 β-环糊精辅助的液-液微萃取为基础，结合高效液相色谱凝固（悬浮液滴）过程，采用微萃取法检测烟碱类农药噻虫嗪、噻虫胺、吡虫啉、啶虫脒和噻虫啉[129]。由于 β-环糊精（分散剂溶剂）的存在辅助了离心过程，增加了有机相和水相的接触面积，同时降低了界面张力，萃取溶剂为 1-辛醇。实验证明，甲苯、正己烷和 1-十二醇不合适该体系。通过改变 1-辛醇、β-环糊精和盐添加量等参数对条件进行优化后，在 0.0003～1 μg/mL 范围内呈良好的线性关系。农药的检出限为（1.0～5.0）× 10^{-4} μg/mL，加标回收率为 83%～132%。

5.3.4　聚丙烯的应用

Turan 等人制备了农药吡虫啉（N-{1-[（6-氯-3-吡啶基）甲基]-4,5-二氢-2-硝酰亚氨基}咪唑）与 β-环糊精的包合物，并将其掺入聚丙烯中[130]。嵌入系统表现出较高的热稳定性，并通过高效液相色谱（HPLC）显示出一个较宽的释放曲线（相对于单独的包合物），数周内吡虫啉的释放率为 84%。

5.3.5　其他环糊精体系的应用

Alonso 和同事在固-液状态下表征了由 β-环糊精与啶虫脒（（E）-N-1-[（6-氯-3-吡啶）甲基]-N-2-氰基-N-1-甲基乙酰脒）形成的包合物[131]。光谱数据与溶液中采用 1：1 包合物的结果一致，通过 X-射线衍射测定其分子结构，观察到 2：2 的二聚体以通道式排列。所有数据表明，在溶液和固体状态下，农药的腈基都指向 β-环糊精的初级边缘，而氯吡啶片段则指向次级边缘。

Fernandes 等人研究了通常用于真菌的嘧霉胺（4,6-二甲基-N-苯基嘧啶-2-胺）与羟丙基-β-环糊精的包合物[132]。在络合状态下，^{1}H NMR 光谱揭示了嘧霉胺质子向低场位移，积分符合 1：1 主客体比例。在水溶液中的溶解度约为游离杀菌剂的 5 倍。此外，在不同类型的水溶液中，胶囊化还导致光稳定性（模拟太阳照射）比自由杀菌剂增加了约 4 倍。

5.4　环糊精及其衍生物对有机酯类化合物的检测

5.4.1　磁性 Fe_3O_4 的应用

Xu 等人在无溶剂条件下制备了 1-辛基-3-甲基咪唑六氟磷酸

盐功能化磁性（Fe$_3$O$_4$）聚 β-环糊精吸附剂[133]。考虑到拟除虫菊酯类杀虫剂氯氟氰菊酯、氰戊菊酯、醚菊酯、联苯菊酯的毒性，采用磁性固相萃取法测定了它们在各种茶叶中的含量。优化后的提取条件在（2.5～500）× 10^{-3} mg/L 范围内呈现良好的线性关系，检测限为（3.2～5.4）× 10^{-4} mg/L。对拟除虫菊酯的提取精度较好，日内提取精度为 2.6%～7.0%，日间为 3.5%～7.6%。在霍山黄崖、金骏眉和铁观音中分别添加 10 μg/L、50 μg/L 和 250 μg/L 的 4 种拟除虫菊酯，回收率在 70%～101%（RSD < 9.1%）之间。

　　Li 等人将基于单-6-巯基-β-环糊精的磁性（Fe$_3$O$_4$）分子印迹聚合物金纳米粒子用于多菌灵的萃取（图 5-5）[134]。在 190 mg/g 浓度下测定了体系的吸附容量。将其应用于卷心菜、生菜、番茄、花椰菜和豇豆的加标回收，回收率均在 90.5%～109%之间；检出率为 3.0 pg/mL。

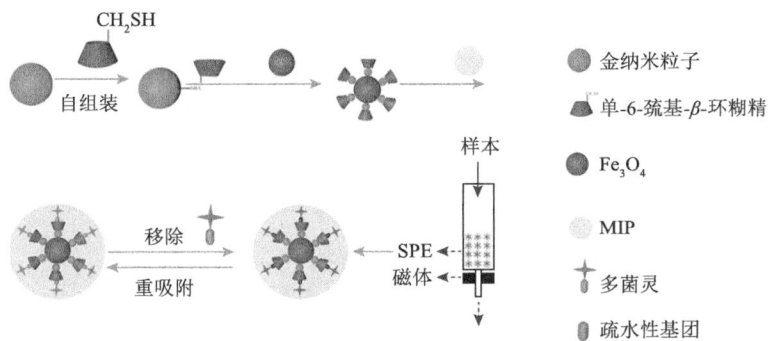

图 5-5　固相萃取柱的建立及其对多菌灵的吸附示意图

5.4.2　碳表面的应用

　　Tu 等人利用 Mxene 制备的复合材料，由过渡金属碳化物的 2D 维层（几个原子那么厚）、角状石墨烯片组成的碳纳米角和

β-环糊精 MOFs（由 β-CD 和 KOH 制备）组成，作为多菌灵的电化学传感器[135]。所制备的传感器不仅具有 MOFs 典型的多孔结构，还表现出环糊精的识别性能。同时，由于 Mxene/碳纳米角具有较大的比表面积、丰富的活性位点和导电性，整个体系的传质/催化能力得到了很大改善。导致该复合物具有较宽线性范围[（$3.0 \times 10^{-9} \sim 1.00 \times 10^{-5}$）mol/L]的电极性能和较低的检测限（$1.0 \times 10^{-9}$ mol/L）。用 5 个不同批次的复合物测试了该体系的重现性，RSD 约为 4.6%。针对一种特定的复合材料，在 RSD 为 3.5%的情况下测量了 15 次电流量。筛选了 Cl^-、SO_4^{2-}、Na^+、Cu^{2+}、Al^{3+} 和 2.50×10^{-4} mol/L 尿酸、抗坏血酸、葡萄糖、马拉硫磷、噻苯达唑、苄氯酚、杀螟硫磷等多种干扰物，结果显示均无干扰。将其应用于番茄汁的加标回收实验，回收率在 97.77%～102.01%之间。

Ding 等人利用 β-环糊精修饰的碳纳米管，通过溶胶-凝胶法将这种复合材料固定在中空纤维的壁和腔上[136]。采用固相微萃取/高效液相色谱法测定四个不同批次的番茄中的西维因和 1-萘酚的含量。西维因的检测浓度范围为 0.71～17.82 ng/g，而 1-萘酚的检测浓度范围为 0.11 ng/g 和 9.32 ng/g。该方法对 1-萘酚和西维因的检出限分别为 0.05 ng/g 和 0.15 ng/g。加标回收率在 84.2%～108.9%之间。这种细小的中空纤维有助于样品的清理。

5.4.3　分子印迹聚合物的应用

Farooq 等人报道了一种用于多菌灵测定的含有 β-环糊精的

分子印迹聚合物（图 5-6）[137]，采用分散固相萃取结合紫外检测器相结合的高效液相色谱法，考察了其对多菌灵的吸附能力。在 30 min 内，该体系的最大吸附容量为 3.65 mg/g，可重复使用至少 7 次，仅损失 10%的效率。线性范围为 0.05～2.0 mg/L。与多菌灵具有相关结构的阿苯达唑和苯菌灵对聚合物的亲和力较低，其中对阿苯达唑的吸附量低了 3 倍，苯菌灵的吸附量比多菌灵低了 4 倍。当应用于苹果、香蕉、橘子和桃子的加标样品时，回收率在 81.33%～97.23%（RSD 为 1.49%～4.66%）；检出限为 0.03 mg/L。

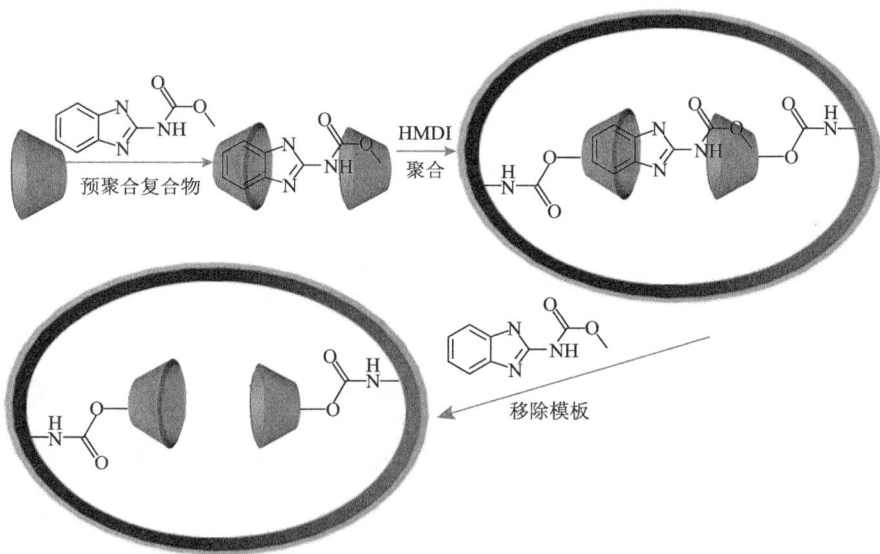

图 5-6　基于 β-环糊精印迹聚合物的制备及对多菌灵的检测示意图

5.4.4　固相萃取法在农药分析中的应用

Mi 等人报道了一种利用分散固相萃取、β-环糊精功能化的超支化聚合物和高效液相色谱法应用于水溶液中拟除虫菊酯类农药甲氰菊酯、氯氟氰菊酯和醚菊酯的提取[138]。对提取工艺进行了优化，最佳提取条件为：萃取时间 30 s，NaCl 浓度为 2%（离子强度），pH 为 9.0，乙腈为脱附溶剂。甲氰菊酯的线性范围为 10～500 ng/mL，氯氟氰菊酯和醚菊酯的线性范围为 5～500 ng/mL。检出限为 1.0～2.1 ng/mL，回收率为 83.1%～91.6%。重现性实验数据为：日内和日间的 RSD 均 < 6%。对永定河水样 50 ng/mL、100 ng/mL 两个浓度进行加标回收实验，3 种农药的加标回收率在 82.9%～97.23% 之间（RSD < 9.44%）。

5.5　环糊精及其衍生物对其他农药的识别和检测

5.5.1　Ag/Au 纳米粒子/胶体的应用

Yadav 等人研究了一种基于金（和银）纳米粒子传感器的用途，该传感器由环糊精与邻苯二甲酸酐交联聚合制备，即环糊精的邻苯二甲酸酯聚合物，用于检测含硫化合物[139]。SEM 和 TEM 图像显示，该传感器外观呈球形，尺寸 < 15 nm。将该传感器应用于检测氨基酸（半胱氨酸）和农用农药二乙基二硫代氨基甲酸钠时。当任何一个客体相互作用时，都会诱导金粒子的聚集，可在 5 s 以内监测到快速红移（524～670 nm），线性范围为（0.01～0.25）× 10^{-6} mol/L，检出限分别为 0.05 × 10^{-6} mol/L

（二乙基二硫代氨基甲酸钠）和 0.07×10^{-6} mol/L（半胱氨酸）。最佳实验条件为：pH = 6.0（半胱氨酸）和 pH = 10.0（二乙基二硫代氨基甲酸钠），NaCl 浓度为 0.02 mol/L。相关的银基体系效果则较差。当测试洋葱和大蒜提取物时，传感器的颜色从红色变为蓝色，从而识别大蒜素。测试范围扩展到添加了含硫杀虫剂 Phorente 和 Tafgor 的水样，类似的实验结果（从红到蓝）也很明显。

Fu 等人在 pH 7.0 的水溶液中，以 6-硫代-β-环糊精与金纳米粒子和单壁碳纳米管自组装形成的玻碳电极[140]，用电化学方法（方波阳极溶出伏安法）测定了甲基对硫磷。环糊精单分子层的存在大大提高了选择性和灵敏度。事实上，当甲基对硫磷与上述指定成分结合时，其电化学响应约为仅含有环糊精/金纳米粒子或金纳米粒子/碳纳米管的玻碳电极结合时的 3.9 倍和 5.1 倍。线性范围为（2.0～80.0）$\times 10^{-9}$ mol/L，检测限为 1.0×10^{-10} mol/L（S/N = 3），其他芳香族杀虫剂（毒死蜱、2,4-二氯苯氧乙酸、甲胺磷、三唑磷、对硫磷）对甲基对硫磷的检测影响不大。将其在硝酸（1.0×10^{-3} mol/L）中浸泡约 10 min，传感器几乎没有降解，可以再生并循环使用，重复测定 5 次，RSD 为 2.3%。将该系统应用于（2.5～7.0）$\times 10^{-8}$ mol/L 河水的加标回收，回收率在 92.3%～109.6% 之间。

Lannoy 研究组采用甲基化-β-环糊精作为结构导向剂，实现金和二氧化钛胶体的自组装，研究了纳米复合材料在可见光驱动下对水中苯氧乙酸除草剂的光降解作用[141]。该复合材料具有均匀的金属分散和可控的孔隙率。使用其他类型的环糊精时，复合材料具有不同大小的金属粒子和不同的孔隙率。例如，使用 α-CD、β-CD 和 γ-CD 可以得到较小的金粒子和较少的多孔材料。在这项工作中，选择了一种甲基化的 β-环糊精用于自组装，因为它提供了光催化所需的最佳性能组合，包括高结晶度和高比表面积，从而优化了光催化活性（即在更宽的波长范围内增强电子传输和光吸收等）。在光降解苯氧乙酸的重复利用方面，在第二次测试时，其活性从 85% 下降到 54%；第三次测试，其活性保持在 52%。在一定程度上认为这种减少是由于在重复测试时缺乏可作用于水的吸附位点。

5.5.2 壳聚糖衍生物的纳米粒子

香芹酚（2-甲基-5-异丙基苯酚）和芳樟醇（3,7-二甲基-1,6-辛二烯-3-醇）为单萜酚类物质，具有抗真菌活性。由于这两种化合物的高挥发性，限制了它们的使用。鉴于此，Campos 等人研究了其与 β-环糊精的 1:1 包合物，以期降低挥发性[142]。在20℃条件下，络合效率为 86.2%（香芹酚）和 74.2%（芳樟醇），均低于之前的报道，认为是制备方法（包括浸渍和干燥）的影响。采用离子凝胶法，由聚氨基多糖（壳聚糖）和 β-环糊精组成的杂化聚合物制备了纳米粒子。用这些纳米粒子用于香芹酚和芳樟醇的包封，包封效率<90%，包合物的平均粒径分别为175.2 nm 和 245.8 nm。在 72 h 内监测其对螨（棉叶属）的生物活性、驱避活性、杀螨活性和对产卵的影响。与未包封的对照

组相比，启动速度较慢，但其驱避活性约为 80%。但在杀螨活性和阻碍产卵方面，被包裹的化合物效果较好。

5.5.3　微孔二氧化硅的应用

Dong 等人利用环糊精/苯并咪唑基纳米阀进行农药的靶向输送[143]。这些纳米阀是嵌入在二硫化钼介孔二氧化硅核上的外壳结构，能够实现农药的输送。通过调节条件（低 pH，α-水解淀粉酶，脂肪酸或三萜类竞争性蜡结合，或近红外照射），可以触发农药的控制释放（图 5-7）。此外，还使用了润湿剂（琥珀酸二异辛酯磺酸钠），以防止飞溅或弹跳造成的损失，即提高效率和减少环境污染。当使用杀真菌剂戊唑醇对病原真菌立

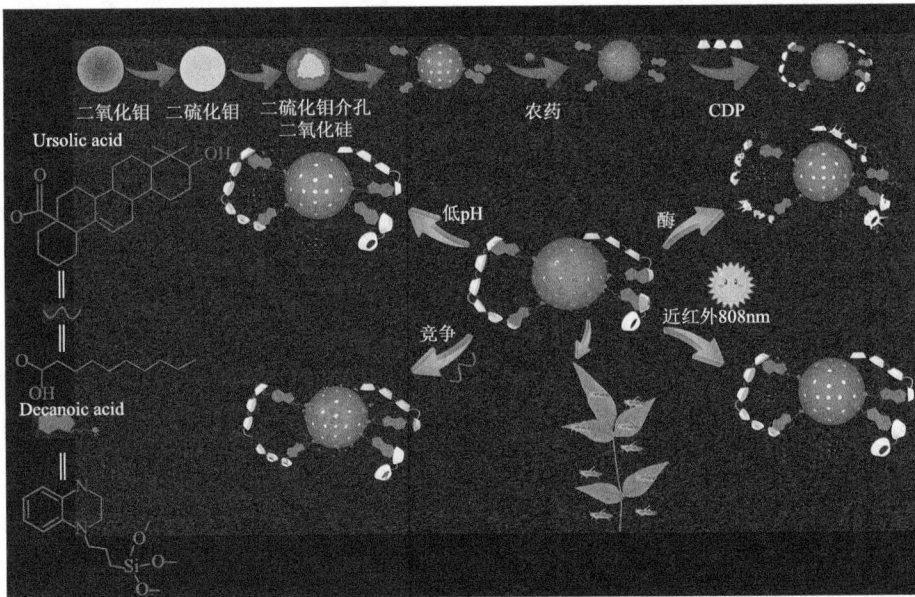

图 5-7　环糊精/苯并咪唑纳米阀农药胶囊控释示意图

枯丝核菌（水稻纹枯病）和禾谷镰刀菌（小麦赤霉病）进行测试时，观察到的杀菌效果优于商业替代品的基准测试。

Yang 和同事报道了一种利用羧基化 β-环糊精包覆的中空氨基功能化介孔二氧化硅可控释放系统[144]。选用的药剂为茚虫威（7-氯-2,5-二氢-2-[N-（甲氧基甲酰基）-4-（三氟甲氧基）苯氨甲酰]茚并[1,2-e][1,3,4]噁二嗪-4a（3H）-甲酸甲酯，用于防治蛾类和蝴蝶幼虫及相关昆虫，负载率为 26.42%（质量分数）。可以通过 pH 触发或在酶促作用（α-淀粉酶水解）下释放，在 pH 为 5.0 和 10.0 时，释放效果最好。该体系还能防止紫外线辐射，从而保护农药不被降解。在相同条件下，将该体系应用于草地贪夜蛾的防治，与茚虫威乳油相比，体系对小夜蛾的杀虫活性优于茚虫威乳油。此外，当应用于斑马鱼时，负载的茚虫威毒性降低了 5 倍以上，这表明使用这种新的递送系统可以减少对周围环境的附带损害。

Shuang 等人将 4,4'-二苯乙烯二羧酸与 6-脱氧-6-氨基-β-环糊精反应得到一个二苯乙烯二酰桥联双 β-环糊精，然后将其键合到有序介孔硅胶（SBA-15）表面[145]。所得到的桥联双 β-环糊精键合手性固定相在反相或极性有机环境下用于色谱分离 23 种外消旋药物和农药。筛选出的分析物包括 β-受体阻滞剂和三唑类、黄酮类、吡喹酮和三甲吡嗪。将色谱结果与正常的 β-环糊精固定相进行比较，发现桥联手性固定相在对映选择性和非对映选择性方面表现得更好。分辨率高（1.51～5.15），时间短（25 min），某些情况下提高了对映体的分离率。假设两种环糊精的近距离接触会形成一个具有协同封装能力的假腔，使其能够捕获大量的分析物（并增强手性鉴别）。新的固定相也能够在 30～60℃的温度下工作，同时保持良好的对映选择性和非对映选择性。

Kaziem 等人报道了一种由 α-环糊精包覆的中空介孔二氧化硅球组成的酶（α-淀粉酶）触发系统[146]。由于 α-环糊精能与 N-烷基苯胺形成比 β-环糊精更稳定的络合物，为该体系提供了方便的切入点。α-环糊精和 N-烷基苯胺均在空心硅球上形成盖/塞。该控释制剂对阿维菌素的载药量约为 38%（质量分数）。在多种条件下评估了阿维菌素的释放曲线,包括 pH 和温度的变化，以及有无 α-淀粉酶的存在。添加 α-淀粉酶可大大增加阿维菌素的释放量，并提高了体系的紫外稳定性和热稳定性。评价了阿维菌素控释体系对小菜蛾幼虫的毒理活性，结果表明，该酶能在体内清除 α-CD 帽，导致了小菜蛾幼虫的死亡。与市售含阿维菌素的商品相比，在 14 天内昆虫的死亡率为 83.33%，高出了 40%。

5.5.4 多晶硅体系的应用

Liu 等人将氨基、羧基、苯基、烷基和 β-环糊精端基引入超支化多晶硅中[147]，然后筛选这些体系对苯甲酰脲类杀虫剂的吸附能力，苯甲酰脲类杀虫剂是昆虫生长调节剂，经常用于防治猫和狗身上的跳蚤。通过计算探讨除虫脲与不同端基修饰的多晶硅的结合模式，然后通过吸附实验对计算结果进行验证，发现与氨基端基相关的氢键提供了最有利的作用环境。鉴于此，进一步对其他农药包括氟玲脲、氟虫脲、氟苯脲、虱螨脲、氟啶脲等杀虫剂进行考察，以了解吸附时间和浓度对吸收的影响。对于双嘧达莫，初始浓度为 120 mg/L（氨基端吸附剂）时，吸附在 3 h 达到峰值。在 β-环糊精端基的情况下，杀虫剂可通过进入腔体形成主客体包衣。

5.5.5 柱基/固相萃取系统

Menestrina 等人研究了非手性聚合物和全甲基-β-环糊精对极性农药 2-（2-甲基-4 氯苯氧基）-丙酸、2-（2,4-二氯苯氧基）-丙酸、2-（2,4,5-三氯苯氧基）-丙酸、羟丙基酯类化合物、甲霜灵和氧氟沙星酯等外消旋混合物的拆分[148]。毛细管柱（熔融二氧化硅的 250 μm 内径）用溶解在（14%-氰丙基苯基）（1%-乙烯基）-86%-甲基聚硅氧烷、（5%苯基）（1%-乙烯基）-95%-甲基聚硅氧烷或聚乙二醇中的全甲基-β-环糊精包覆。结果与商品色谱柱 Hydrodexβ-PM 进行了比较，对于大多数手性农药，在极性较低的（5%-苯基）（1%-乙烯基）-95%甲基聚硅氧烷中使用 30%的全甲基-β-环糊精可以得到最好的对映体分离。这种色谱柱还可以分离极性较大的相不能分离的对映体，这表明该体系有可能应用于更广泛的极性农药。

Zhang 等人制备了一种连有与硫代氨基甲酸苄胺的 β-环糊精键合的手性固定相，并利用手性高效液相色谱（HPLC）考察了它对多种农药和药物样品的分离能力[149]。共选择了 24 种分

析物，包括 11 种三唑类农药、8 种黄酮类药物和 5 种 β-受体阻
滞剂药物。结果表明，18 种待测物被完全分离，其中三唑类的
对映体分离范围为 1.45～3.33，黄酮类对映体的分离范围为
0.35～2.45，β-受体阻滞剂的分离范围为 1.26～1.58。戊唑醇在
13 min 内的分离度最佳（为 3.33），而含有两个手性中心的联
苯三唑醇和灭菌唑的顺/反异构体均出现四个峰。通常难以分离
的腈菌唑也完全分离。该体系分离能力的增强归因于硫代氨基
甲酸苄胺间隔对配位和氢键的能力。

　　Zhang 等人研究了蜂蜜中的四种苯甲酰脲类杀虫剂二氟脲、
三氟脲、氯氟脲和六氟脲的测定方法[150]。使用一种水合镁硅酸
盐黏土凹凸棒石[（Al_2Mg_2）Si_8O_{20}（OH）$_2$（OH_2）$_4$·$4H_2O$]，β-
环糊精通过 KH-560（一种环氧功能树脂）连接在一起，然后将
该复合材料用作分散微固相萃取中的吸附剂，结合高效液相色
谱法，用于杀虫剂的测定。最后改变吸收剂的使用条件（如提
取时间、吸附剂用量、离子强度等）以优化效率。检测限为 0.2～
1.0 μg/L，当应用于荆蜂蜜和金合欢蜂蜜时，加标回收率为
14.2%～82.0%。结果表明，氯氟脲和六氟脲等疏水化合物具有
强烈的吸附偏好性，可能与 $\lg P_{ow}$（衡量疏水性的指标）有关。
该系统的一个特点是，与其他替代品相比，吸附剂相对便宜。

　　Yang 等人采用离子液体修饰的 β-环糊精/凹凸棒石吸附剂
对蜂蜜和茶叶中的苯甲酰脲类杀虫剂六氟脲、氟虫脲、虱螨脲
和氯氟脲进行了识别[151]。将固相微萃取法与高效液相色谱联
用，优化后线性范围为 5～500 ng/mL，检出限为 0.12～0.21 μg/L。

4 种杀虫剂的准确度分别为六氟脲（93.3%）、氟虫脲（84.5%）、虮螨脲（104.7%）和氯氟脲（103.6%），日内精密度<3.71%，日间精密度<3.85%（2 天以上）。对蜂蜜和茶叶样品（50 μg/L 和 200 μg/L）的加标回收率在 76.8%～94.5%之间，其中氟虫脲的效果最差。

5.5.6 磁性材料的应用

Majd 和 Nojavan 使用麦芽糊精/β-环糊精功能化的磁性氧化石墨烯复合物从马铃薯、番茄和玉米中共提取了三嗪类（阿特拉津、苯磺隆、嗪草酮）和三唑类（环唑醇、戊唑醇、戊菌唑、烯唑醇）[152]。以环氧氯丙烷作为连接剂，将 β-环糊精和麦芽糊精连接到磁性氧化石墨烯表面。由于存在疏水空腔（β-环糊精）和大量羟基（麦芽糊精），从而实现共萃取。在最佳条件下（pH = 7.0，提取时间 20 min），线性范围为 1.0～1000 μg/L。7 种农药的提取效率为 66.4%～95.3%；检测限为 0.01～0.08 μg/L。在番茄（36.0 μg/kg）和玉米（166.0 μg/kg）中检测到烯唑醇，在番茄中检测到阿特拉津（680.0 μg/kg），在玉米中检测到戊唑醇（176.0 μg/kg）。样品加标回收率在 88.4%～112.0%之间，日内、日间精密度良好（RSD_s < 9.0%，$n = 3$）。

Senosy 和 Lu 等人通过交联剂四氟对苯二甲腈将 β-环糊精添加到 MOF 外壳上，对磁性 MOF Fe_3O_4@MIL-100（Fe）进行修饰[153]。然后，将修饰后的环糊精@MOF 用于去除水样中的三唑类杀菌剂氧环唑、氟硅唑、戊唑醇和三唑酮。在吸附剂用量为 1.0 g/L，pH 为 7.0，吸附平衡时间为 50 min 的优化条件下，吸附量较高。经过 5 次吸附解吸循环后，萃取效率变化不大，在不同浓度的腐殖酸存在下，吸附量无明显变化。4 种杀菌剂对废水和湖水的吸附效率在 64.52～102.10 mg/g 之间。

5.5.7　静电纺丝纳米纤维的应用

Gao 和 Liu 等人报道了一种输送系统[154]。他们以福美双作为客体分子，通过静电纺丝技术与羟丙基-β-环糊精进行复合，制备了高浓度（180% w/v）的纳米纤维包合物。使得福美双的溶解度和热稳定性都得到了极大的改善；溶解度的增加与羟丙基-β-环糊精的含量成正比。此外，还发现该系统提高了福美双对赤霉菌属的抗真菌活性。

5.5.8　纳米棒的应用

Wang 等人以交联环糊精聚合物为基础，通过 $KMnO_4$ 氧化法制备了含有有序 MnO_2 纳米棒的多孔刚性复合材料[155]。这种方法允许聚合物网络中的短链氧化，从而赋予机械稳定性。考察了高锰酸钾用量对复合材料结构和性能的影响。尽管交联环糊精聚合物材料随氧化剂用量呈线性变化，但 γ-交联环糊精聚合物材料的变化不明显。通过改变交联度、环糊精含量和孔体积等因素，考察其对复合材料性能的影响，发现增加交联度可以提高复合材料在水中的稳定性，主要是这些因素对吸附能力有影响。γ-环糊精交联高分子材料对杀虫剂丁烯氟虫腈、丁虫腈和苯霜灵的吸附量较 β-环糊精体系高 24.1%～43.7%；其他杀虫剂的趋势则相反。吸附容量取决于吸附位点的数量和进入程度，并且在这种材料中，决定吸附的机制为有序缔合络合、网络的网格化，其次是包合作用。在添加了疏水性杀虫剂苯霜灵、丁草胺、丁烯氟虫腈和氟虫腈（80～400 μg/L）的水样中，去除率在 60%～80%之间；其他杀虫剂的去除率则低得多（10%～60%）。β-和 γ-系统的重复使用效果都有所增加，可能是由于反复溶胀和洗涤，改善了吸附位点的进入程度。

5.5.9   水凝胶的应用

Zhang 等人将喜树碱与低分子量的聚乙二醇结合，制备了一种两亲性共聚物[156]。这种共聚物自组装成胶束，或在 α-环糊精（用于交联）的存在下生成水凝胶。胶束和水凝胶的作用是利用啶虫脒或烯虫灵来运输喜树碱。结果表明，胶束和水凝胶都能运输和释放组合农药。特别是胶束可以迅速释放杀虫剂（喜树碱、羟基喜树碱、啶虫脒、烯虫灵）。而对于水凝胶材料，啶虫脒、烯虫灵的释放时间可持续 168 h。将载有啶虫脒或烯虫灵的胶束和水凝胶对昆虫甘蓝蚜、朱砂叶螨进行防虫实验，显示出明显的杀虫活性，结合 LC_{50} 结果，表明这些体系的杀虫活性强于游离喜树碱。即使剂量低至 5 μg/mL，也具有较高的杀虫活性。

5.5.10　脂质体的使用

Gharib 等人考察了封装桉树精油的可能性，以期改善其挥发性和适用性[157]。他们考察了三个体系，采用乙醇注射法制备脂质体和环糊精-药物脂质体；对羟丙基环糊精/桉树精油包合物进行了研究。在冷冻干燥过程中，采用不影响脂质体流动性的羟丙基环糊精作为冷冻保护剂。测定了冷冻前和冷冻后粒子大小分布和 zeta 电位，以确保批次的重现性。用高效液相色谱法测定桉油精的封装率。在 4℃条件下，多次采用顶空萃取法，在 6 个月内评估了三个体系的释放情况。结果表明，环糊精包合物脂质体对桉树精油的载药量是普通脂质体的 38 倍。此外，羟丙基环糊精/桉树精油包合物和环糊精包合物脂质体对桉树精油的保留率均优于普通脂质体。

5.5.11　分子印迹聚合物

He 等人使用本体聚合技术获取抗蚜威的印迹聚合物[158]。分子印迹聚合物通过固相萃取富集抗蚜威的含量，然后进行液相色谱分析。SEM 图像显示，与光滑致密的非印迹聚合物相比，这些印迹聚合物非常粗糙和多孔。吸附溶剂（甲醇）含有大量的水，这导致了模板和单体的局部疏水环境。事实上，最佳配比为 95∶5（水∶甲醇，体积比），这促进了抗蚜威和烯丙基-β-环糊精之间的主客体络合。色谱柱的平均选择性保留回收率为 76.96%～96.38%，以烯丙基-β-环糊精-甲基丙烯酸复合柱保留回收率最高；非印迹聚合物给出的结果最低。结果还表明，在分子印迹聚合物的形成方面，甲基丙烯酸优于丙烯腈。在 30℃时，将 20 mg 的聚合物置于抗蚜威溶液中，并摇晃一段时间后，发现在模板存在下形成了更多的聚合物。同时比较了三种不同浓度（1 mg/g、3.33 mg/g 和 10 mg/g）下，蔬菜（卷心菜、西兰花、生菜、芸薹、花椰菜）的加标实验，其回收率为 88.23 %～97.54%，相对标准偏差 RSD≤5.07%。

5.5.12　荧光系统

Champagne 等人通过点击化学方法制备了一种将芘吸附在 β-环糊精上的荧光探针，该探针在水中自组装成荧光聚集体[159]。由于分子内和分子间的相互作用，包括芘之间疏水的 π-π 相互作用，存在较强的准分子发射和较弱的单体发射。将荧光聚集体用于抗蚜威[2-（二甲氨基）-5,6-二甲基嘧啶-4-二甲基氨基甲酸酯]的选择性检测，单体与准分子的比值显著增强（即强度比增加了 85 倍）。这是由于抗蚜威的存在有效的抑制了芘与芘之间的聚集，从而削弱了芳环之间的 π-π 相互作用，其检测限为 $6.0×10^{-8}$ mol/L，在 pH 为 4.12～10.02 范围内，体系相对不受 pH 变化的影响；而筛选的其他氨基甲酸酯类杀虫剂，在相同的条件下没有产生任何显著的变化。

在 pH 为 7.2 时，利用芘吸附在 β-环糊精上的探针对具有爆炸性的三硝基芳香化合物 2,4,6-三硝基甲苯、1,3,5-三硝基苯和苦味酸进行了鉴别/检测。其他一系列硝基和二硝基芳烃也被筛选，但没有一个化合物具有显著的选择性。对 2,4,6-三硝基甲苯和 1,3,5-三硝基苯的检测结果表明，该体系与抗蚜威体系不同，在硝基芳烃和探针之间形成热力学驱动的短寿命二聚体。在苦味酸的情况下，由于芘（激发态）和苦味酸（基态）之间的能量转移，导致荧光发射的猝灭。在添加 50 或 100 当量的抗蚜威、2,4,6-三硝基甲苯、1,3,5-三硝基苯或苦味酸后，聚集体的 DLS 和 TEM 图像显示，聚集体的平均尺寸（164 nm）大大减小，表明部分聚集体被破坏。

Serio 等人利用 γ-环糊精促进的多氯联苯、他莫昔芬和己烯雌酚向荧光团氟硼荧、香豆素-6 或罗丹明 6G 的能量转移，作为在微摩尔水平上检测这些农药的一种手段[160]。在缓冲溶液（pH = 7.4）和未纯化的苹果汁中都检测到分析物。在缓冲溶液中，使用不同荧光团的结果显示出不同的趋势。例如，在氟硼荧的条件下，γ-环糊精浓度为 1.0×10^{-2} mol/L，大多数能量转移效率都有所提高，香豆素的情况正好相反，相对于罗丹明 6G，γ-环糊精的存在几乎没有影响。苹果汁往往导致相当嘈杂的光谱，但对于两种有机氯农药的能量转移（24%～25%）很明显，特别是当氟硼荧存在时，LOD 在（2.1～14.2）$\times 10^{-6}$ mol/L 范围内。

5.5.13　功能化纳米孔碳的应用

Zolfaghari 等人利用环糊精功能化的纳米多孔碳从水溶液中提取对硝基苯酚和农药（β-六氯环己烷和 γ-六氯环己烷，艾氏剂、狄氏剂以及三种不同的 p,p'-氯二苯化合物），并进行了萃取性能研究[161]。将环糊精（13.8×7.9 Å）通过 1,4-苯二异氰酸酯链接接枝到 HNO₃ 氧化的纳米多孔碳表面，制备了一系列吸附剂，包括母体纳米多孔碳及其氧化物和一些环糊精功能化的纳米多孔碳材料，后者包含不同比例的环糊精与 1,4-苯二异氰酸酯。采用环糊精纳米孔碳制备的体系对对硝基苯酚的吸附量最大（100 mg/g）。对于环糊精含量较高的体系，对硝基苯酚的去除率可达 90%；对于含有 *p,p'*-氯二苯基基序的农药与环糊精腔体具有良好的几何匹配性，具有良好的吸附性能，而其他杀虫剂的去除效果则不尽如人意。进一步利用乙醇洗脱出吸附在材料中的对硝基苯酚，可以实现连续的吸附-脱附循环，并且可以在不显著降低吸附量的情况下重复循环使用。

5.5.14 其他包合物体系

Gurarslan 等人报道了蚊蝇醚与 *β*-和 *γ*-环糊精相互作用形成的包合物，由于客体分子太大（长度约 18.4 Å，直径 5.3Å），无法与 *α*-环糊精形成包合物[162]。从 ¹H NMR 测定，确定客体与 *β*-环糊精的包结比为 1∶1.3。与 *γ*-环糊精包合时，XRD 数据表明，*γ*-环糊精与蚊蝇醚络合后，*γ*-环糊精的结构由笼状转变为柱状。

辣椒素[（6*E*)-*N*-（4-羟基-3-甲氧苄基）-8-甲基-6-壬烯酰胺）]可用于喷雾杀虫，但其溶解度和不稳定性限制了其用途。针对这一缺点，Shen 及 Yang 等人利用共蒸发方法研究了它与 *β*-环糊精和羟丙基-*β*-环糊精的主客体络合作用[163]。数据表明，在这两种情况下均形成了 1∶1 的络合物。包合作用使辣椒素的溶解度大大提高，羟丙基-β-环糊精（6.0×10^{-2} mol/L）的存在使辣椒素的溶解度增加了 50 倍，而 β-环糊精（6.6×10^{-3} mol/L）存在时溶解度增加较小（5 倍）。与研磨法制备的体系相比，通过共蒸发制备的包合物可以改善客体的溶解和降解。利用共蒸发制备的样品时，客体与 β-环糊精的配比为 1∶5，客体与羟丙基-β-环糊精的配比为 1∶3。在土壤中吸附-解吸实验表明，使用羟丙基-β-环糊精能显著降低土壤中 CP[2-氯-6-（三氯甲基）吡啶]的吸附量。

5.5.15　计算化学的辅助应用

Ferencz 等人研究了有机氯、三嗪、氨基甲酸酯、苯氧酸和有机磷等农药类型对土壤的污染[164]。发现了一些欧盟规定禁止使用的农药。为了降低此类农药的危害，对环糊精可能的主客体络合作用进行了涉及空间位能的计算研究。计算结果表明，水的存在需要更多的能量，而且在某些情况下，还观察到部分包合物的存在。空间能评估显示，一些农药可以很容易地从土壤中提取出来，如二嗪农、西维因和倍硫磷，因为它们可以形成非常稳定的包合物。对溴氰菊酯和溴鼠灵的研究表明，虽然形成了稳定的配合物，但它们与外部亲水性区域相互作用。对马铃薯甲虫使用溴氰菊酯或其与 β-环糊精包合物的研究表明，在接触包合物后，一半的甲虫在 45 min 后死亡，而单独使用杀虫剂则需要 65 min。这被认为是诸如味道、气味等特性的变化，说明如果作为包合物施用，那么农药的施用量可以大大降低。

第6章

结　　论

　　农药在控制农业害虫和其他相关用途方面已被证实至关重要，但农药的过度使用对环境的影响极其有害，在食品残留方面日益突出，引起了人们对环境和食品安全的高度关注。因此，寻找能够降低毒性、降低必要剂量并使农药递送更有针对性的方法是非常必要的。考虑到这一点，许多研究小组将研究重点放在使用大环化合物作为使农药更环保的一种方法上。研究所用的大环类型往往具有可调节的空腔和稳定的主客体络合能力，通常可以与不同类型的农药形成主客体包合物，或者与其他分子形成具有特异性识别功能的探针，从而实现对特定残留农药的快速检测。在农药的识别、检测、释放和应用方面有着广泛的应用前景。

　　根据农药与瓜环、柱芳烃、杯芳烃和环糊精组装的有关文献，发现在多数情况下，生成的主客体复合物不仅表现出比母体农药更低的毒性，而且保留了很强的药物活性。当用于检测农药时，这些主客体体系可以对特定农药具有非常高的选择性，并且抗干扰能力强。许多传感器检测限线性范围很大，检测限非常低（低至 ng/mL），可以循环多次使用，对效率几乎没有影响。同时主客体络合也有助于提高溶解度并减缓农药分解。结果表明，大环家族的新成员在这一领域也有很大的潜力。

尽管宿主客体大环/农药系统在农药领域有着广阔的应用前景，但仍然面临着一些亟待解决的问题，主要包括：（i）降低大环化合物的生产成本并提高其合成规模，以便于广泛使用；（ii）针对某些大环化合物构建的化学传感器对农药的识别特异性较低的问题，设计和合成更多新型的大环化合物，开发和获取具有高选择性、高灵敏性、易于制备和合成的大环化合物探针；构建能够快速、直观地识别和检测农药残留的新型探针系统；（iii）提高主客体探针系统的抗干扰能力，提高复杂样品中农药残留检测的准确性，构建更有针对性的探针系统。这些都是未来研究中重要而具有挑战性的目标。

参 考 文 献

[1] Aktar M W, Sengupta D, Chowdhury A. Impact of pesticides use in agriculture: their benefits and hazards. Interdiscip Toxicol, 2009, 2: 1-12.

[2] Alewu B, Nosiri C. Pesticides and Human Health. InTech, 2011, 231-250.

[3] Nicolopoulou-Stamati P, Maipas S, Kotampasi C, et al. Chemical pesticides and human health: the urgent need for a new concept in agriculture. Front Public Health, 2016, 4: 148.

[4] Ariga K, Kunitake T. Supramolecular Chemistry: Fundamentals and Applications. Springer Heidelberg, 2006.

[5] Wagner, Brian D. Host-Guest Chemistry: Supramolecular Inclusion in Solution. Berlin, Boston: De Gruyter, 2020.

[6] Freeman W A, Mock W L, Shih N Y. Cucurbituril. J. Am. Chem. Soc, 1981, 103: 7367-7368.

[7] Behrend R, Meyer E, Rusche F J. Ueber condensationsproducte aus glycoluril und formaldehyd, Justus Liebigs Ann. Chem, 1905, 339: 1-37.

[8] Ogoshi T, Kanai S, Fujinami S, et al. Para-Bridged symmetrical pillar[5]arenes: their Lewis acid catalyzed synthesis and host-guest property. J. Am. Chem. Soc, 2008, 130: 5022-5023.

[9] Gutsche C D. Calixarenes. The Royal Society of Chemistry, Cambridge, 1989.

[10] Villiers A. Sur la fermentation de la fécule par l'action du ferment butyrique. Compt. Rend. Acad. Sci, 1891, 112: 536-538.

[11] Nau W M, Florea M, Assaf K I. Deep inside cucurbiturils: physical properties and volumes of their inner cavity determine the hydrophobic driving force for host-guest complexation. Isr. J. Chem, 2011, 51:

559-577.

[12] Huang Y, Wang J, Xue S F, et al. Determination of thiabendazole in aqueous solutions using a cucurbituril-enhanced fluorescence method. J. Incl. Phenom. Macro, 2012, 72(3-4): 397-404.

[13] Liu Q, Tang Q, Xi Y Y, et al. Host-guest interactions of thiabendazole with normal and modified cucurbituril: 1H NMR, phase solubility and antifungal activity studies. Supramol. Chem, 2015, 27, 386-392.

[14] Saleh N, Al-Rawashdeh N A. Fluorescence enhancement of carbendazim fungicide in cucurbit[6]uril. J. Fluoresc, 2006, 16: 487-493.

[15] Guo G Y, Tang Q, Huang Y, et al. Influences on shift of pK_a, solubility and antifungal activity of fuberidazole by inclusion complexation with cucurbit[n]urils. Chinese J. Org. Chem, 2014, 34: 2317-2323.

[16] Zhang H, Huang Y, Xue S F, et al. Host-guest interactions of 6-benzyladenine with normal and modified cucurbituril: 1H NMR, UV absorption spectroscopy and phase solubility methods. Supramol. Chem, 2011, 23: 527-532.

[17] Zhang X J, Huang Q X, Zhao Z Z, et al. An Eco- and User-Friendly Herbicide. J. Agric. Food Chem, 2019, 67: 7783-7792.

[18] Ling Y, Mague J T, Kaifer A E. Inclusion complexation of diquat and paraquat by the hosts cucurbit[7]uril and cucurbit[8]uril. Chem. Eur. J, 2007, 13: 7908-7914.

[19] Xing X Q, Zhou Y Y, Sun J Y, et al. Determination of paraquat by cucurbit[7]uril sensitized fluorescence quenching method. Anal. Lett, 2013, 46: 694-705.

[20] Yao F H, Liu H L, Wang G Q, et al. Determination of paraquat in water samples using a sensitive fluorescent probe titration method. J. Environ. Sci, 2013, 25: 1245-1251.

[21] Fatiha M, Faiza B, Ichraf K, et al. TD-DFT calculations of visible spectra and structural studies of carbendazim inclusion complex with cucurbit[7]uril. J. Taiwan Inst. Chem. E, 2015, 50: 37-42.

[22] Zhao W X, Wang C Z, Chen L X, et al. A hemimethyl-substituted cucurbit[7]uril derived from 3α-methyl-glycoluril. Org. Lett, 2015, 17: 5072-5075.

[23] Pozo M del, Hernandez L, Quintana C. A selective spectrofluorimetric method for carbendazim determination in oranges involving inclusion-complex formation with cucurbit [7] uril. Talanta 2010, 81: 1542-1546.

[24] Koner A L, Ghosh I, Saleh N I, et al. Supramolecular encapsulation of benzimidazole-derived drugs by cucurbit [7] uril. Can. J. Chem, 2011, 89: 139-147.

[25] Kim M O, Blachly P G, Kaus J W, et al. Protocols utilizing constant pH molecular dynamics to compute pH-dependent binding free energies. J. Phys. Chem. B, 2015, 119: 861-872.

[26] Jing X, Du L M, Wu H, et al. Determination of pesticide residue cartap using a sensitive fluorescent Probe. J. Integr. Agr, 2012, 11: 1861-1870.

[27] Jin M C, Chen X H, Li X P. Determination of five 4-hydroxycoumarin rodenticides in whole blood by high performance liquid chromatography with fluorescence detection. Chin. J. Chromatogr, 2007, 25: 214-216.

[28] Zhang C X, Jing X, Du L M, et al. Cucurbit [7] uril host-guest complexation of nereistoxin investigated by competitive binding of palmatine fluorescent probe. Prog. React. Kinet. Mec, 2015, 40: 154-162.

[29] Song G X, Tang Q, Huang Y, et al. Interaction of cucurbit [8] uril with β-indoleacetic acid and methylviologen. Spectrosc. Spect. Anal, 2015, 35: 3134-3139.

[30] Chen H, Yang H, Xu W C, et al. A fluorescent guest used to determinate the effective content of CB [8] and to further detect methyl viologen. Chinese Chem. Lett, 2013, 24: 857-860.

[31] Rajgariah P, Urbach A R. Scope of amino acid recognition by cucurbit[8]uril. J. Incl. Phenom. Macro, 2008, 62: 251-254.

[32] Liu H, Wu X, Huang Y, et al. Improvement of antifungal activity of carboxin by inclusion complexation with cucurbit[8]uril. Incl. Phenom. Macro, 2011, 71: 583-587.

[33] Tang Q, Zhang J, Sun T, et al. A turn-on supramolecular fluorescent probe for sensing benzimidazole fungicides and its application in living cell imaging. Spectrochim. Acta. A, 2018, 191: 372-376.

[34] Xi Y Y, Tang Q, Huang Y, et al. The interaction of cucurbit[8]uril with

thionine and carbendazim with spectroscopic method. Spectro. Spec. Anal, 2016, 36: 1809-1812.

[35] Lian C J, Xu W T, Luo Y, et al. Detection of the pesticide dodine using a cucurbit[10]uril-based fluorescent probe. Microchem. J, 2021, 167: 106309.

[36] Xu W T, Luo Y, Zhao W W, et al. Detecting pesticide dodine by displacement of fluorescent acridine from cucurbit[10]uril macrocycle. J Agric Food Chem, 2021, 69: 584-591.

[37] Rathore R, Kochi J K. Radical-cation catalysis in the synthesis of diphenylmethanes via the dealkylative coupling of benzylic ethers. J Org Chem, 1995, 60: 7479-7490.

[38] Li M H, Lou X Y, Yang Y W. Pillararene-based molecular-scale porous materials. Chem Commun, 2021, 57: 13429-13447.

[39] Cao D R, Meier H. Pillararene-based fluorescent sensors for the tracking of organic compounds. Chinese Chem Lett, 2019, 30: 1758-1766.

[40] Xie J, Shen C, Shi H Z, et al. Theoretical prediction of structures and inclusion properties of heteroatom-bridged pillar[n]arenes. Struct Chem, 2020, 31: 329-337.

[41] Tang M, Bian Q, Zhang Y M, et al. Sequestration of pyridinium herbicides in plants by carboxylated pillararenes possessing different alkyl chains. RSC Adv, 2020, 10: 35136-35140.

[42] Liu Y M, Zhou F, Yang F, et al. Carboxylated pillar[n]arene $(n = 5\sim7)$ host molecules: high affinity and selective binding in water. Org Biomol Chem, 2019, 17: 5106-5111.

[43] Song Q Q, Mei L C, Zhang X J, et al. Spreading of benquitrione droplets on superhydrophobic leaves through pillar[5]arene-based host-guest chemistry. Chem Commun, 2020, 56: 7593-7596.

[44] Shangguan L Q, Shi B B, Chen Q, et al. Water-soluble pillar[5]arenes: A new class of plant growth regulators. Tetrahedron Lett, 2019, 60: 150949.

[45] Luo L, Nie G R, Tian D M, et al. Dynamic self-assembly adhesion of a paraquat droplet on a pillar[5]arene surface. Angew Chem Int Ed, 2016, 55: 12713-12716.

[46] Zhou Y J, Yao Y, Huang F H. Four pillar[5]arene constitutional isomers: synthesis, crystal structures, and host-guest complexation of their derivatives with paraquat in water. Chinese J Chem, 2015, 33: 356-360.

[47] Zhou T, Song N, Yu H, et al. Pillar[5, 6]arene-functionalized silicon dioxide: synthesis, characterization, and adsorption of herbicide. Langmuir, 2015, 31: 1454-1461.

[48] Chi X D, Xue M, Yao Y, et al. Redox-responsive complexation between a pillar[5]arene with mono(ethylene oxide) substituents and paraquat. Org Lett, 2013, 15: 4722-4725.

[49] Zhang H, Huang K T, Ding L, et al. Electrochemical determination of paraquat using a glassy carbon electrode decorated with pillararene-coated nitrogen-doped carbon dots. Chinese Chem Lett, 2022, 33: 1537-1540.

[50] Zhao R, Zhou Y J, Jia K C, et al. Fluorescent supramolecular polymersomes based on pillararene/paraquat molecular recognition for pH-controlled drug release. Chinese J Polym Sci, 2020, 38: 1-8.

[51] Yang Y H, Bao Q L, Luo J P, et al. Competitive fluorescence sensing for paraquat based on methylene blue/water-soluble phosphate salt pillar[5]arene. Chinese J Org Chem, 2020, 40: 1680-1688.

[52] Tan X P, Liu Y, Zhang T Y, et al. Ultrasensitive electrochemical detection of methyl parathion pesticide based on cationic water-soluble pillar[5]arene and reduced graphene nanocomposite. RSC Adv, 2019, 9: 345-353.

[53] Xu H X, Yao Y. Supramolecular amphiphilies based on water-soluble pillar[5]arene/paraquat derivatives and their self-assembly behaviour in water. Supramol Chem, 2017, 29: 161-166.

[54] Shamagsumova R V, Shurpik D N, Padnya P L, et al. Cetylcholinesterase biosensor for inhibitor measurements based on glassy carbon electrode modified with carbon black and pillar[5]arene. Talanta, 2015, 144: 559-568.

[55] Chi X D, Yu G C, Ji X F, et al. Redox-responsive amphiphilic macromolecular [2]pseudorotaxane constructed from a water-soluble pillar[5]arene and a paraquat-containing homopolymer. ACS Macro Lett, 2015, 4: 996-999.

[56] Shen J, Wang Q W, Hu Q D, et al. Restoration of chemosensitivity by multifunctional micelles mediated by P-gp siRNA to reverse MDR. Biomaterials, 2014, 35: 8621-8634.

[57] Zhao J, Chen C J, Li D D, et al. Biocompatible and biodegradable supramolecular assemblies formed with cucurbit[8]uril as a smart platform for reduction-triggered release of doxorubicin. Polym Chem, 2014, 5: 1843-1847.

[58] Mao X W, Liu T, Bi J H, et al. The synthesis of pillar[5]arene functionalized graphene as a fluorescent probe for paraquat in living cells and mice. Chem Commun, 2016, 52: 4385-4388.

[59] Wang P, Ya O Y, Xue M. A novel fluorescent probe for detecting paraquat and cyanide in water based on pillar[5]arene/10- methylacridinium iodide molecular recognition. Chem Commun, 2014, 50: 5064-5067.

[60] Tian M M, Chen D X, Sun Y L, et al. Pillararene-functionalized Fe_3O_4 nanoparticles as magnetic solid-phase extraction adsorbent for pesticide residue analysis in beverage samples. RSC Adv, 2013, 3: 22111-22119.

[61] Yu G C, Zhou X Y, Zhang Z B, et al. Pillar[6]arene/paraquat molecular recognition in water: high binding strength, pH-responsiveness, and application in controllable self-assembly, controlled release, and treatment of paraquat poisoning. J Am Chem Soc, 2012, 134: 19489-19497.

[62] Tan X P, Zhang Z, Cao T W, et al. Control assembly of pillar[6]arene-modified Ag nanoparticles on covalent organic framework surface for enhanced sensing performance toward paraquat. ACS Sustainable Chem Eng, 2019, 7: 20051-20059.

[63] Qian X C, Zhou X J, Gao W, et al. One-step and green strategy for exfoliation and stabilization of graphene by phosphate pillar[6]arene and its application for fluorescence sensing of paraquat. Microchem J, 2019, 150: 104203.

[64] Wu J R, Mu A U, Li B, et al. Desymmetrized leaning pillar[6]arene. Angew Chem Int Ed, 2018, 57: 49853-9858.

[65] Wang X, Wu J R, Liang F, et al. In situ gold nanoparticle synthesis mediated by a water-soluble leaning pillar[6]arene for self-assembly, detection, and catalysis. Org Lett, 2019, 21: 5215-5218.

[66] Li Z T, Yang J, Yu G C, et al. Water-soluble pillar[7]arene: synthesis,

pH-controlled complexation with paraquat, and application in constructing supramolecular vesicles. Org Lett, 2014, 16: 2066-2069.

[67] Ogoshi T, Hashizume M, Yamagishi T, et al. Synthesis, conformational and host-guest properties of water-soluble pillar[5]arene. Chem Commun, 2010, 46: 3708-3710.

[68] Chi X D, Ji X F, Shao L, et al. A multiresponsive amphiphilic supramolecular diblock copolymer based on pillar[10]arene/paraquat complexation for rate-tunable controlled release. Macromol Rapid Comm, 2017, 38: 1600626.

[69] Chi X D, Yu G C, Shao L, et al. A Dual-thermoresponsive gemini-type supra-amphiphilic macromolecular [3] pseudorotaxane based on pillar[10]arene/paraquat cooperative complexation. J Am Chem Soc, 2016, 138: 3168-3174.

[70] Homden D M, Redshaw C. The use of calixarenes in metal-based catalysis. Chem Rev, 2008, 108: 5086-5130.

[71] Santoro O, Redshaw C. Metallocalix[n]arenes in catalysis: A 13-year update. Coord Chem Rev, 2021, 448: 214173.

[72] Basilotta R, Mannino D, Filippone A, et al. Role of calixarene in chemotherapy delivery strategies. Molecules, 2021, 26: 3963.

[73] Noack H D D, Weinelt H L D, Noll B W N. Non-toxic hair dyeing compsncontg calixarene coupler and N, N-disubstd diamine developer, giving blue tone. Patent number DE4135760A1, Germany, 1993.

[74] Español S E, Maldonado M. Host-guest recognition of pesticides by calixarenes. Crit Rev Anal Chem, 2019, 49: 383-394.

[75] Ashwin B, Saravanan C, Stalin T, et al. FRET-based solid-state luminescent glyphosate sensor using calixarene-grafted ruthenium(II)bipyridine doped silica nanoparticles. Chem Phys Chem, 2018, 19: 2768-2775.

[76] Kamboh M A, Ibrahim W A W, Nodeh H R, et al. The removal of organophosphorus pesticides from water using a new amino-substituted calixarene-based magnetic sporopollenin. New J Chem, 2016, 40: 3130-3138.

[77] Evtugyn G A, Shamagsumova R V, Padnya P V, et al. Cholinesterase sensor based on glassy carbon electrode modified with Ag

nanoparticles decorated with macrocyclic ligands. Talanta, 2014, 127: 9-17.

[78] Menon S K, Modi N R, Pandya A, et al. Ultrasensitive and specific detection of dimethoate using a p-sulphonato-calix[4] resorcinarene functionalized silver nanoprobe in aqueous solution. RSC Adv, 2013, 3: 10623-10627.

[79] Oueslati I, Ghrairi A, Ribeiro E S, et al. Calixarene functionalization of TiO$_2$ nanoarrays: an effective strategy for enhancing the sensor versatility. Mater Chem A, 2018, 6: 10649-10654.

[80] Li J W, Wang Y L, Yan S, et al. Molecularly imprinted calixarene fiber for solid-phase microextraction of four organophosphorous pesticides in fruits. Food Chem, 2016, 192: 260-267.

[81] Cao B Q, Huang Q B, Pan Y. Study on the surface acoustic wave sensor with self-assembly imprinted film of calixarene derivatives to detect organophosphorus compounds. Am J Analyt Chem, 2012, 3: 664-668.

[82] Yu C X, Hu F L, Song J G, et al. Ultrathin two-dimensional metal-organic framework nanosheets decorated with tetra-pyridyl calix[4]arene: design, synthesis and application in pesticide detection. Sens Actuators B Chem, 2020, 310: 127819.

[83] Li C Y, Wang C F, Guan B, et al. Electrochemical sensor for the determination of parathion based on p-tert-butylcalix[6]arene-1, 4-crown-4 sol-gel film and its characterization by electrochemical methods. Sens Actuators B Chem, 2005, 107: 411-417.

[84] Nodeh H R, Kamboh M A, Ibrahim W A W, et al. Equilibrium, kinetic and thermodynamic study of pesticides removal from water using novel glucamine-calix[4]arene functionalized magnetic graphene oxide. Environ Sci-Proc Imp, 2019, 21: 714-726.

[85] Dong C, Zeng Z, Li X. Determination of organochlorine pesticides and their metabolites in radish after headspace solid-phase microextraction using calix[4]arene fiber. Talanta, 2005, 66: 721-727.

[86] Li X, Zeng Z, Zhou J. High thermal-stable sol-gel-coated calix[4]arene fiber for solid-phase microextraction of chlorophenols. Anal Chim Acta, 2004, 509: 27-37.

[87] Kalchenko O I, Solovyov A V, Cherenok S A, et al. Complexation of calix[4]arenephosphonous acids with 2, 4-dichlorophenoxyacetic acid and atrazine in water. J Incl Phenom Macrocycl Chem, 2003, 46: 19-25.

[88] Memon S, Memon S, Memon N. A highly efficient *p*-tert-butylcalix[8] arene-based modified silica for the removal of Hexachlorocyclohexane isomers from aqueous media. Desalin Water Treat, 2013, 52: 2572-2582.

[89] Bocchinfuso G, Mazzuca C, Saracini C, et al. Receptors for organochlorine pesticides based on calixarenes. Microchim Acta, 2008, 163: 195-202.

[90] Zeng X F, Ma J K, Luo L, et al. Pesticide macroscopic recognition by a naphthol-appended calix[4]arene. Org Lett, 2015, 17: 2976-2979.

[91] Zhang G F, Zhu X L, Miao F J, et al. Design of switchable wettability sensor for paraquat based on clicking calix[4]arene. Org Biomol Chem, 2012, 10: 3185-3188.

[92] Zhang G F, Zhan J Y, Li H B. Selective binding of carbamate pesticides by self-assembled monolayers of calix[4]arene lipoic acid: wettability and impedance dual-signal response. Org Lett, 2011, 13: 3392-3395.

[93] Memon S, Memon S, Memon N. An efficient *p*-tetranitrocalix[4]arene based adsorbent for the removal of carbofuran from aqueous media. J Iran Chem Soc, 2014, 11: 1599-1608.

[94] Li H B, Qu F G. Synthesis of CdTe quantum dots in sol-gel-derived composite silica spheres coated with calix[4]arene as luminescent probes for pesticides. Chem Mater, 2007, 19: 4148-4154.

[95] Tian M M, Cheng R M, Ye J J, et al. Preparation and evaluation of ionic liquid-calixarene solid-phase microextraction fibres for the determination of triazines in fruit and vegetable samples. Food Chem, 2014, 145: 28-33.

[96] Yilmaz B, Aydin N, Bayrakci M J. Pesticide binding and urea-induced controlled release applications with calixarene naphthalimide molecules by host-guest complexation. Environ Sci Health B, 2018, 53: 669-676.

[97] Wang G F, Ren X L, Zhao M, et al. Paraquat detoxification with

p-sulfonatocalix-[4]arene by a pharmacokinetic study. J Agric Food Chem, 2011, 59: 4294-4299.

[98] Garcia-Sosa I, Ramirez F D. Synthesis, solid and solution studies of paraquat dichloride calixarene complexes. Molecular Modelling. J Mex Chem Soc, 2010, 54: 143-152.

[99] Wang K, Guo D S, Zhang H Q, et. al. Highly effective binding of viologens by *p*-sulfonatocalixarenes for the treatment of viologen poisoning. J Med Chem, 2009, 52: 6402-6412.

[100] Xiong D, Li H. Colorimetric detection of pesticides based on calixarene modified silver nanoparticles in water. Nanotechnology, 2008, 19: 465502.

[101] Nikolelis D P, Raftopoulou G, Psaroudakis N, et al. Development of an electrochemical biosensor for the rapid detection of carbofuran based on air stable lipid films with incorporated calix[4]arene phosphoryl receptor. Electroanal, 2008, 20: 1574-1580.

[102] Shieh W J, Hedges A R J. Properties and applications of cyclodextrins. Macromol Sci A, 1996, 33: 673-683.

[103] Wang J, Feng J G, Ma C, et al. Technology of cyclodextrin and its application in pesticide formulation processing. Chinese J Pest Sci, 2013, 15: 23-31.

[104] Lay S, Ni X, Yu H, et al. State-of-the-art applications of cyclodextrins as functional monomers in molecular imprinting techniques: a review. J Sep Sci, 2016, 39: 2321-2331.

[105] Wang M, Su K, Cao J, et al. "Off-On" non-enzymatic sensor for malathion detection based on fluorescence resonance energy transfer between β-cyclodextrin@Ag and fluorescent probe. Talanta, 2019, 192: 295-300.

[106] Miao S S, Wu M S, Ma L Y, et al. Electrochemiluminescence biosensor for determination of organophosphorous pesticides based on bimetallic Pt-Au/multi-walled carbon nanotubes modified electrode. Talanta, 2016, 158: 142-151.

[107] Zhao H Y, Ji X P, Wang B B, et al. An ultra-sensitive acetylcholinesterase biosensor based on reduced graphene oxide-Au nanoparticles-β-cyclodextrin/Prussian blue-chitosan nanocomposites

for organophosphorus pesticides detection. Biosens Bioelectron, 2015, 65: 23-30.

[108] Pellicer-Castell E, Belenguer-Sapina C, Amoros P, et al. Study of silica-structured materials as sorbents for organophosphorus pesticides determination in environmental water samples. Talanta, 2018, 189: 560-567.

[109] Huang X C, Ma J K, Feng R X, et al. Simultaneous determination of five organophosphorus pesticide residues in different food samples by solid-phase microextraction fibers coupled with high-performance liquid chromatography. J Sci Food Agric, 2019, 99: 6998-7007.

[110] Pan Y, Mu N, Shao S, et al. Selective surface acoustic wave-based organophosphorus sensor employing a host-guest self-assembly monolayer of β-cyclodextrin derivative. Sensors, 2015, 15(8): 17916-17925.

[111] Moon Y, Jafry A T, Bang Kang S, et al. Organophosphorus hydrolase-poly-β-cyclodextrin as a stable self-decontaminating bio-catalytic material for sorption and degradation of organophosphate pesticide. J Hazard Mater, 2019, 365: 261-269.

[112] Cruickshank D L, Rougier N M, Maurel V J. et al. Permethylated β-cyclodextrin/pesticide complexes: X-ray structures and thermogravimetric assessment of kinetic parameters for complex dissociation. J Incl Phenom Macrocycl Chem, 2013, 75: 47-56.

[113] Wang H, Yan S, Qu B, et al. Magnetic solid phase extraction using Fe_3O_4@β-cyclodextrin-lipid bilayers as adsorbents followed by GC-QTOF-MS for the analysis of nine pesticides. New J Chem, 2020, 44: 7727-7739.

[114] Salazar S, Guerra D, Yutronic N, et al. Removal of aromatic chlorinated pesticides from aqueous solution using β-cyclodextrin polymers decorated with Fe_3O_4 nanoparticles. Polymers, 2018, 10 (9): 1038.

[115] Mahpishanian S, Sereshti H, One-step green synthesis of β-cyclodextrin/iron oxide-reduced graphene oxide nanocomposite with high supramolecular recognition capability: Application for vortex-assisted magnetic solid phase extraction of organochlorine

pesticides residue from honey samples. J Chromatogr A, 2017, 1485: 32-43.

[116] Sipa K, Brycht M, Leniart A, et al. *β*-Cyclodextrins incorporated multi-walled carbon nanotubes modified electrode for the voltammetric determination of the pesticide dichlorophen. Talanta, 2018, 176: 625-634.

[117] Rana V K, Kissner R, Gaspard S, et al. Cyclodextrin as a complexation agent in the removal of chlordecone from water. Chem Eng J, 2016, 293: 82-89.

[118] Cheng Y, Nie J, Li Z, et al. A molecularly imprinted polymer synthesized using *β*-cyclodextrin as the monomer for the efficient recognition of forchlorfenuron in fruits. Anal Bioanal Chem, 2017, 409: 5065-5072.

[119] DiScenza D J, Lynch J, Miller J, et al. Detection of organochlorine pesticides in contaminated marine environments via cyclodextrin-promoted fluorescence modulation. ACS Omega, 2017, 2（12）: 8591-8599.

[120] DiScenza D J, Levine M. Selective detection of non-aromatic pesticides via cyclodextrin-promoted fluorescence modulation. New J Chem, 2016, 40: 789-793.

[121] Gao S, Liu Y, Jiang J, et al. Physicochemical properties and fungicidal activity of inclusion complexes of fungicide chlorothalonil with *β*-cyclodextrin and hydroxypropyl-*β*-cyclodextrin. J Mol Liq, 2019, 293: 111513.

[122] Jáuregui-Haza U, Ferino-Pérez A, Gamboa-Carballo J J, et al. Guest-host complexes of 1-iodochlordecone and *β*-1-iodo-pentachl-orocyclohexane with cyclodextrins as radiotracers of organochlorine pesticides in polluted water. Environ Sci Pollut Res, 2020, 27: 41105-41116.

[123] Liu B, Zhang J, Chen C, et al. Infrared-light-responsive controlled-release pesticide using hollow carbon microspheres@ polyethylene glycol/*α*-cyclodextrin Gel. J Agric Food Chem, 2021, 69: 6981-6988.

[124] Utzeri G, Verissimo L, Murtinho D, et al. Poly（*β*-cyclodextrin）-

activated carbon gel composites for removal of pesticides from water. Molecules, 2021, 26(5): 1426.

[125] Oliveira A E F, Bettio G B, Pereira A C, An electrochemical sensor based on electropolymerization of β-cyclodextrin and reduced graphene oxide on a glassy carbon electrode for determination of neonicotinoids. Electroanalysis, 2018, 30: 1918-1928.

[126] Oliveira A E F, Bettio G B, Pereira A C, Optimization of an electrochemical sensor for determination of imidacloprid based on β-cyclodextrin electropolymerization on glassy carbon electrode. Electroanalysis, 2018, 30: 1929-1937.

[127] Zhang M, Zhao H T, Yang X, et al. A simple and sensitive electrochemical sensor for new neonicotinoid insecticide paichongding in grain samples based on β-cyclodextrin-graphene modified glassy carbon electrode. Sens Actuators B: Chem, 2016, 229: 190-199.

[128] Liu G Y, Li L Y, Xu D H, et al. Metal-organic framework preparation using magnetic graphene oxide-β-cyclodextrin for neonicotinoid pesticide adsorption and removal. Carbohydr Polym, 2017, 175: 584-591.

[129] Vichapong J, Moyakao K, Kachangoon R, et al. β-Cyclodextrin assisted liquid-liquid microextraction based on solidification of the floating organic droplets method for determination of neonicotinoid residues. Molecules, 2019, 24(21): 3954.

[130] Turan A C, Özen İ, Gürakın H K, et al. Controlled release profile of imidacloprid-β-cyclodextrin inclusion complex embedded polypropylene filament yarns. Eng Fibers Fabr, 2017, 12: 75-83.

[131] Alonso M L, Sebastián E, Felices L S, et al. Structure of the β-cyclodextrin: acetamiprid insecticide inclusion complex in solution and solid state. J. Incl. Phenom. Macro, 2016, 86: 103-110.

[132] Fernandes C, Encarnação I, Gaspar A, et al. Influence of hydroxypropyl-β-cyclodextrin on the photostability of fungicide pyrimethanil. Int. J. Photoenergy, 2014, 2014: 489873.

[133] Xu Q, Liu Z, Yan C, et al. 1-Octyl-3-methylimidazolium hexafluorophosphate-functionalised magnetic poly β-cyclodextrin for magnetic solid-phase extraction of pyrethroids from tea infusions.

Food Addit. Contam. Part A Chem. Anal, 2021, 38: 1743-1754.

[134] Li S, Wu X, Zhang Q, et al. Synergetic dual recognition and separation of the fungicide carbendazim by using magnetic nanoparticles carrying a molecularly imprinted polymer and immobilized β-cyclodextrin. Microchim. Acta, 2016, 183: 1433-1439.

[135] Tu X, Gao F, Ma X, et al. Mxene/carbon nanohorn/β-cyclodextrin-Metal-organic frameworks as high-performance electrochemical sensing platform for sensitive detection of carbendazim pesticide. J. Hazard. Mater, 2020, 396: 122776.

[136] Ding Y, Song X, Chen J, Analysis of pesticide residue in tomatoes by carbon Nanotubes/β-cyclodextrin nanocomposite reinforced hollow fiber coupled with HPLC. J. Food Sci, 2019, 84: 1651-1659.

[137] Farooq S, Nie J, Cheng Y, et al. Selective extraction of fungicide carbendazim in fruits using β-cyclodextrin based molecularly imprinted polymers. J. Sep. Sci, 2020, 43: 1145-1153.

[138] Mi Y, Jia C, Lin X, et al. Dispersive solid-phase extraction based on β-cyclodextrin grafted hyperbranched polymers for determination of pyrethroids in environmental water samples. Microchem. J, 2019, 150: 104164.

[139] Yadav M, Das M, Bhatt S, et al. Rapid selective optical detection of sulfur containing agrochemicals and amino acid by functionalized cyclodextrin polymer derived gold nanoprobes. Microchem. J, 2021, 169: 106630.

[140] Fu X C, Zhang J, Tao Y Y, et al. Three-dimensional mono-6-thio-β-cyclodextrin covalently functionalized gold nanoparticle/single-wall carbon nanotube hybrids for highly sensitive and selective electrochemical determination of methyl parathion. Electrochim. Acta, 2015, 153: 12-18.

[141] Lannoy A, Bleta R, Machut-Binkowski C, et al. Cyclodextrin-directed synthesis of gold-modified TiO_2 materials and evaluation of their photocatalytic activity in the removal of a pesticide from water: effect of porosity and particle size. ACS Sustain. Chem, 2017, 5: 3623-3630.

[142] Campos E V R, Proença P L F, Oliveira J. L, et al. Chitosan nanoparticles functionalized with β-cyclodextrin: a promising carrier

for botanical pesticides. Sci. Rep, 2018, 8: 2067.

[143] Dong J, Chen W, Qin D, et al. Cyclodextrin polymer-valved MoS₂-embedded mesoporous silica nanopesticides toward hierarchical targets via multidimensional stimuli of biological and natural environments. J. Hazard. Mater, 2021, 419: 126404.

[144] Yang L, Kaziem A E, Lin Y, et al. Carboxylated β-cyclodextrin anchored hollow mesoporous silica enhances insecticidal activity and reduces the toxicity of indoxacarb. Carbohydrate Polymer Carbohyd. Polym, 2021, 266: 118150.

[145] Shuang Y, Zhang T, Li L, et al. Preparation of a stilbene diamido-bridged bis(β-cyclodextrin)-bonded chiral stationary phase for enantioseparations of drugs and pesticides by high performance liquid chromatography. J. Chromatogr, 2020, 1614: 460702.

[146] Kaziem A. E, Gao Y, Zhang Y, et al. α-Amylase triggered carriers based on cyclodextrin anchored hollow mesoporous silica for enhancing insecticidal activity of avermectin against Plutella xylostella. J. Hazard. Mater, 2018, 359: 213-221.

[147] Liu C, Huang X, Meng Z, et al. Study on the adsorption mechanism of benzoylurea insecticides onto modified hyperbranched polysilicon materials. RSC. Adv, 2020, 10: 28664-28673.

[148] Menestrina F, Ronco N R, Romero L M, et al. Enantioseparation of polar pesticides on chiral capillary columns based on permethyl-β-cyclodextrin in matrices of different polarities. Microchem. J, 2018, 140: 52-59.

[149] Zhang T, Shuang Y, Zhong H, et al. Preparation of a new β-cyclodextrin-bonded chiral stationary phase with thiocarbamated benzamide spacer for HPLC. Anal. Sci, 2021, 37: 1095-1103.

[150] Zhang P, Cui X, Yang X, et al. Dispersive micro-solid-phase extraction of benzoylurea insecticides in honey samples with a β-cyclodextrin-modified attapulgite composite as sorbent. Journal of Sep. Sci, 2016, 39: 412-418.

[151] Yang M, Wu X, Xi X, et al. Using β-cyclodextrin/attapulgite-immobilized ionic liquid as sorbent in dispersive solid-phase microextraction to detect the benzoylurea insecticide contents of

honey and tea beverages. Food Chem, 2016, 197: 1064-1072.

[152] Majd M, Nojavan S. Magnetic dispersive solid-phase extraction of triazole and triazine pesticides from vegetable samples using a hydrophilic-lipophilic sorbent based on maltodextrin- and β-cyclodextrin-functionalized graphene oxide. Microchim. Acta, 2021, 188: 380.

[153] Senosy I, A Lu, Z H. Abdelrahman T M, et al. The post-modification of magnetic metal-organic frameworks with β-cyclodextrin for the efficient removal of fungicides from environmental water. Environ. Sci. Nano, 2020, 7: 2087-2101.

[154] Gao S, Liu Y, Jiang J, et al. Thiram/hydroxypropyl-β-cyclodextrin inclusion complex electrospun nanofibers for a fast dissolving water-based drug delivery system. Colloid Surf. B, 2021, 201: 111625.

[155] Wang M, Li G, Xia C, et al. Facile preparation of cyclodextrin polymer materials with rigid spherical structure and flexible network for sorption of organic contaminants in water. Chem. Eng. J, 2021, 411: 128489.

[156] Zhang Z J, Shang X F, Yang L, et al. Engineering of peglayted camptothecin into nanomicelles and supramolecular hydrogels for pesticide combination control. Front. Chem, 2020, 7: 922.

[157] Gharib R, Jemâa J M B, Charcosset C, et al. Retention of eucalyptol, a natural volatile insecticide, in delivery systems based on hydroxypropyl-β-cyclodextrin and liposomes. Eur. J. Lipid Sci. Technol, 2020, 122: 1900402.

[158] He C, Lay S, Yu H, et al. Synthesis and application of selective adsorbent for pirimicarb pesticides in aqueous media using allyl-β-cyclodextrin based binary functional monomers. Sci. Food Agric, 2018, 98: 2089-2097.

[159] Champagne P L, Kumar R, Ling C C. Multi-responsive self-assembled pyrene-appended β-cyclodextrin nanoaggregates: Discriminative and selective ratiometric detection of pirimicarb pesticide and trinitroaromatic explosives. Sens. Actuators B: Chem, 2019, 281: 229-238.

[160] Serio N, Roque J, Badwal A, et al. Rapid and efficient pesticide detection via cyclodextrin-promoted energy transfer. Analyst, 2015, 140(22): 7503-7507.

[161] Zolfaghari G. β-Cyclodextrin incorporated nanoporous carbon: host-guest inclusion for removal of p-Nitrophenol and pesticides from aqueous solutions. Chem. Eng. J, 2016, 283: 1424-1434.

[162] Gurarslan A, Shen J, Caydamli Y, et al. Pyriproxyfen cyclodextrin inclusion compounds. J. Incl. Phenom. Macrocycl. Chem, 2015, 82(3): 489-496.

[163] Shen C, Yang X, Wang Y, et al. Complexation of capsaicin with β-cyclodextrins to improve pesticide formulations: effect on aqueous solubility, dissolution rate, stability and soil adsorption. J. Incl. Phenom. Macrocycl. Chem, 2012, 72(3): 263-274.

[164] Ferencz L, Balog A. Pesticides masked with cyclodextrins a survey of soil samples and computer aided evaluation of the inclusion processes. Fresenius Environ. Bull, 2010, 19: 172-179.

附　录　一

表-1　各种类型的大环化合物与农药的组合

大环		农药	
瓜环	6-Benzyladenine	苄氨基嘌呤	Abamectin	阿维菌素
	Acetamiprid	啶虫脒	Alachlor	甲草胺
	Albendazole (ABZ)	阿苯达唑	Azaconazole	氧环唑
	Benomyl	苯菌灵	Benzimidazole (BZ)	苯并咪唑
	Carbaryl	甲萘威	Carbendazim(CBZ)	多菌灵
	Cartap (CP)	杀螟丹	Carboxin	萎锈灵
	Dinotefuran	呋虫胺	Chlorothalonil	百菌清
	Diuron	敌草隆	Diquat (DQ)	敌草快
	Ethiofencarb	杀虫丹	Dodine	多果定
	Flusilazole	氟硅唑	Flutriafol	粉唑醇

大环		农药	
瓜环	Fuberidazole (FBZ)	Glyphosate	草甘膦
	Hymexazol 麦穗宁	Metalaxyl	甲霜灵
	Nereistoxin (NTX) 噁霉灵	Oxadixyl	噁霜灵
	Paraquat (PQ) 沙蚕毒素	Penconazole	戊菌唑
	Propiconazole 百草枯	Pymetrozine	吡蚜酮
	Pyroquilon 丙环唑	Pyronine (PyY)	吡咯红 Y
	Thiabendazole (TBZ) 百快隆	Tebuconazole	戊唑醇
	Triadimefon 噻菌灵	Thiamethoxam	噻虫嗪
	Tricyclazole 三唑酮	Triadimenol isomer A	三唑醇 A
	Benquitrione 三环唑	paraquat	百草枯
	Diquat (DQ) 喹草酮	Carbaryl	甲萘威
柱芳烃	Flusilazole (FLU) 敌草快	Cyprodinil (CYP)	嘧菌环胺
	Dimethomorph (DIM) 氟硅唑	Metalaxyl (MET)	甲霜灵
	Mercaptoethylamine (MER) 烯酰吗啉	Kresoximmethyl (KRE)	醚菌酯
	Parathion-methyl 筑基乙胺	Pyrimethanil (PYR)	嘧霉胺
	Triumizole (TRI) 甲基对硫磷	2,4'-dichlorobenzophenone	2,4'-二氯二苯甲酮
	氟菌唑		

续表

	农药			
大环	4,4'-dichlorobenzophenone	4,4'-二氯二苯甲酮	Atrazine	莠去津
	2,4-D	2,4-滴	Carbosulfan (CS)	丁硫克百威
	Ametryn	莠灭净	Chlorpyrifos	毒死蜱
	Dichlorvos	敌敌畏	Diazinon	二嗪磷
	Carbofuran (CF)	克百威	Dimethoate	乐果
	Chlorophenols	氯酚	Endosulfan	硫丹
	Cyanazine	草净津	Fenitrothion	杀螟硫磷
	Methyl-phosphonate	膦酸甲酯	Heptachlor	七氯
	Dimethyl methyl phosphonate (DMMP)	甲基膦酸二甲酯	4-chlorophenoxyacetic acid	4-氯苯氧乙酸
杯芳烃	Endrin	异狄氏剂	Isoprocarb (IC)	异丙威
	Glyphosate	草甘膦	Methomyl	灭多威
	Hexachlorocyclohexane	六氯环己烷	Monocrotophos	久效磷
	Hexaconazole	己唑醇	optunal	水胺硫磷
	Iprodione	异菌脲	o,p'-DDT	o,p'-滴滴T
	Malathion	马拉硫磷	Parathion	对硫磷
	Metolcarb (MC)	速灭威	Profenofos	丙溴磷

续表

大环	农药			
杯芳烃	p,p'-DDE	p,p'-滴滴 E	Simazine	西玛津
	p,p'-DDD	p,p'-滴滴滴	Thiabendazole	噻菌灵
	Pirimicarb (PC)	抗蚜威	α-BHC	α-六六六
	β-BHC	β-六六六	γ-BHC	γ-六六六
	δ-BHC	δ-六六六		
	1,4-Phenylene diisocyanate	1,4-苯二异氰酸酯	1,6-hexamethylene diisocyanate	1,6-己二异氰酸酯
	2-(4-hydroxyphenoxy)propanoic acid (hydro-prop acid)	2-(4-羟基苯氧基)丙酸	1-Hexyl-3-methylimidazolium hexafluorophosphate	1-己基-3-甲基咪唑六氟磷酸盐
	2-(4-chloro-2-methylphenoxy)propanoic acid	2-(4-氯-2-甲苯氧基)丙酸	2-(2,4,5-trichlorophenoxy)propanoic acid	2-(2,4,5-三氯苯氧基)丙酸
	2-(2,4-dichlorophen-oxy)propanoic acid	2,4-滴丙酸	4-chloro-2-methylphenoxyacetic acid	2-甲基-4-氯苯氧乙酸
环糊精	1,6-hexylenediamine	1,6-己二胺	2,3,4,6-tetrachlorophenol	2,3,4,6-四氯苯酚
	1-naphthol	1-萘酚	Imidacloprid	吡虫啉
	Abamectin	阿维菌素	Acetylcholinesterase	乙酰胆碱酯酶
	Acetylthiocholine chloride	氯化乙酰硫代胆碱	Alachlor	甲草胺

续表

大环	农药			
环糊精	Acetamiprid	啶虫脒	Aldicarb	涕灭威
	Albendazole	阿苯达唑	Allicin	大蒜素
	Aldrin	艾氏剂	Atrazine (ATZ)	莠去津
	Ametryn	莠灭净	Azoxystrobin	嘧菌酯
	Heptachlor	七氯	Benomyl	苯菌灵
	Benalaxyl	苯霜灵	Benzimidazole	苯并咪唑
	Bentazon	灭草松	Brodifacoum	溴鼠灵
	Bifenthrin	联苯菊酯	Butachlor	丁草胺
	Bromacil	除草定	Camptothecin	喜树碱
	Butylene fipronil	丁烯氟虫腈	Barbary	甲萘威
	Capsaicin	辣椒素	Carbofuran	克百威
	Carbendazim	多菌灵	Chlorothalonil	百菌清
	Carvacrol	香芹酚	Chlordecone	十氯酮
	Chlorbenzuron	灭幼脲	Chlorfluazuron	氟啶脲
	Chlorendic acid	氯菌酸	Chlorpyrifos	毒死蜱
	2,4-D	2,4-滴	Clothianidin (CLT)	噻虫胺

续表

大环	农药			
环糊精	Cis-chlordane	顺氯丹	Deisopropylatrazine	异丙基阿特拉津
	Cyhalothrin	氯氟氰菊酯	Cyfluthrin	氟氯氢菊酯
	Cyanuric chloride (2,4,6-trichloro-1,3,5-triazine)	三聚氯氰	Ethyl2-{4-[(6-chloro-1,3-benzoxazol-2-yl)oxy]phenoxy} propanoate	噁噁唑禾草灵
	Cyproconazole (CYP)	环唑醇	Deltamethrin	溴氰菊酯
	Deethylatrazine	脱乙基莠去津	Dichlorophen	双氯酚
	Diazinon	二嗪磷	Dieldrin	狄氏剂
	Dichlorvos	敌敌畏	Diflubenzuron	除虫脲
	Difeconazole	苯醚甲环唑	Dinoseb	地乐酚
	Diniconazole (DIN)	烯唑醇	Diphenylcarbonate	碳酸二苯酯
	Dinotefuran	硝虫胺	Diuron	敌草隆
	Dufulin	毒氟磷	Endosulfan II	硫丹 II
	Endosulfan I	硫丹 I	Endosulfan	硫丹
	Endosulfan sulfate	硫丹硫酸酯	Endrin	异狄氏剂
	Endrin aldehyde	异狄氏剂醛	Epoxiconazole	氟环唑
	Ethaboxam	噻唑菌胺	Ethoprophos	灭线磷
	Eucalyptol	桉油精	Fenitrothion	杀螟硫磷

续表

分类	农药			
大环	Lithium bis(tri fluoro--methanesulfonimide)	双三氟甲磺酰亚胺锂	Diethyldithiocarbamate	二乙基二硫代氨基甲酸酯
环糊精	Fenvalerate	氰戊菊酯	Fipronil	氟虫腈
	Flufenoxuron	氟虫脲	Flusilazole	氟硅唑
	Forchlorfenuron	氯吡脲	Furadan	虫螨威
	Gibberella sp	赤霉菌 sp	Heptachlor epoxideisomer B	环氧七氯 B
	Methyl chlorpyrifos	甲基毒死蜱	Hexachlorobenzene (HCB)	六氯苯
	Methyl tolclofos	甲基立枯磷	Etofenprox	醚菊酯
	Imazalil	抑霉唑	Imidacloprid (IMP)	吡虫啉
	Indoxacarb	茚虫威	Linalool	芳樟醇
	Isoprophyl hydrogen methylphosphonate	甲基膦酸氢异丙酯	o,p'-dichlorodiphenyltrichloroethane (o,p'-DDT)	滴滴涕
	Isoprophyl methylphosphonofluoridate	甲基膦酰氟异丙酯	Malathion	马拉硫磷
	Lufenuron	氟螨脲	Nitenpyram	烯啶虫胺
	Mealaxyl-M 2-(N-(2methoxyacetyl)-2,6-dimethyla nilino)propanoate xychlor	精甲霜灵	Methyl-2-(4-{[3-ch-loro-5-(trifluorometh-yl)-2-pyridinyl]-oxy} phenoxy) propanoate	盖草能

续表

大环	农药			
环糊精	Pretilachlor	丙草胺	p,p'-DDD	p,p'-滴滴滴
	Parathion-methyl	甲基对硫磷	p,p'-DDE	p,p'-滴滴伊 E
	Hexaflumuron	氟铃脲	p,p'-DDT	p,p'-滴滴涕
	Metribuzin (MET)	嗪草酮	Paclobutrazol	多效唑
	Mirex	灭蚁灵	Parathion	对硫磷
	Paichongding	哌虫啶	Pentachlorobenzene	五氯苯
	Penconazole (PEN)	戊菌唑	Phoxim	辛硫磷
	Permethrin	氯菊酯	Pralidoxime iodide	碘解磷定
	Pirimicarb	抗蚜威	Trifloxystrobin	肟菌酯
	Lindane	林丹	Pyraclostrobin	百克敏
	Pymetrozine	吡蚜酮	Pyriproxyfen	蚊蝇醚
	Pyrimethanil	嘧霉胺	Simazine	西马津
	Rotenone	鱼藤酮	Teflubenzuron	伏虫隆
	Tebuconazole (TEB)	戊唑醇	Thiacloprid	噻虫啉
	Thiamethoxam (TMX)	噻虫嗪	Thidiazuron	噻苯隆

续表

	农药		
大环	Triadimefon 三唑酮		Thiram 福美双
环糊精	Tribenuron methyl (TRB) 苯磺隆		Triazoles 三唑
	Triflumuron 杀铃脲		α-chlordane α-氯丹
	α-HCH α-六六六		β-HCH β-六六六
	γ-HCH γ-六六六		δ-HCH δ-六六六

附　录　二

表-2　除草剂、杀虫剂、杀菌剂和植物生长调节剂的结构

除草剂

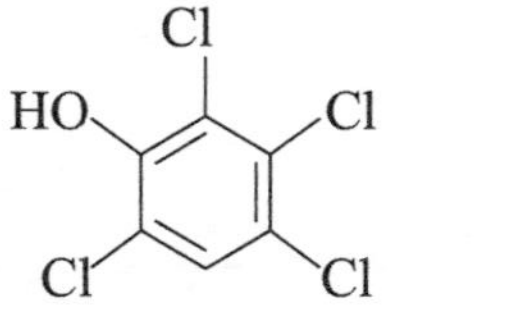 　2,3,5,6-Tetrachlorophenol　2,3,5,6-四氯苯酚（四氯酚）	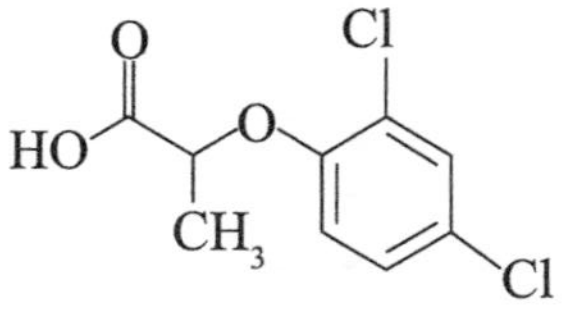 　Dichlorprop　2,4-滴丙酸	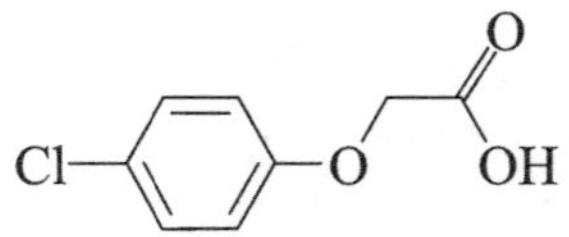 　Chlorophenoxyacetic　4-氯苯氧乙酸
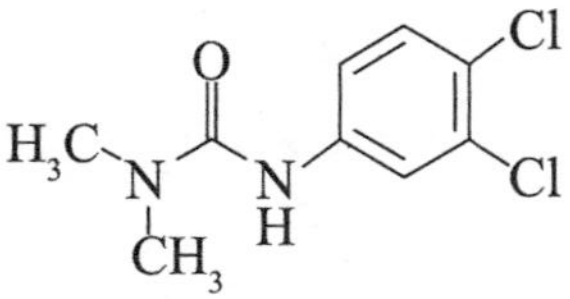 　Diuron　敌草隆	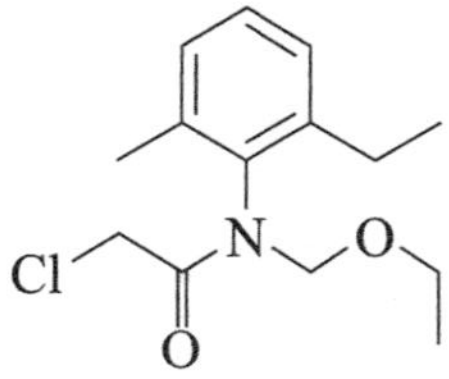 　Acetochlor　乙草胺	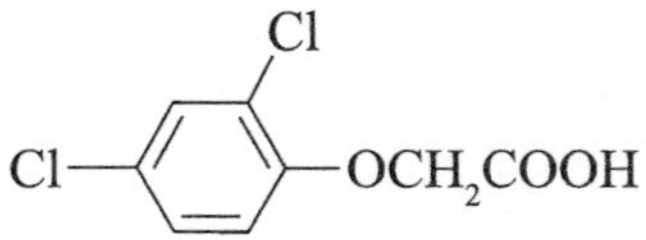 　2,4-dichlorophenoxyacetic acid　2,4-二氯苯氧乙酸（2,4-D）

续表

除草剂

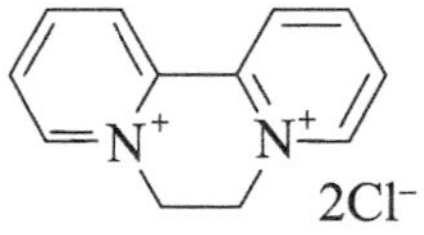

Mecoprop 美托洛普	Atrazine 莠去津	Diquat（DQ） 敌草快
Fluazifop ethyl 甲基吡氟禾草灵	Haloxyfop methyl 氟吡甲禾灵	Benquitrione 喹草酮

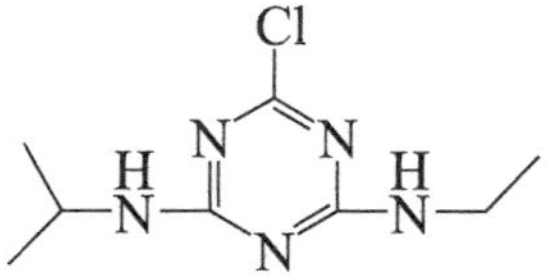

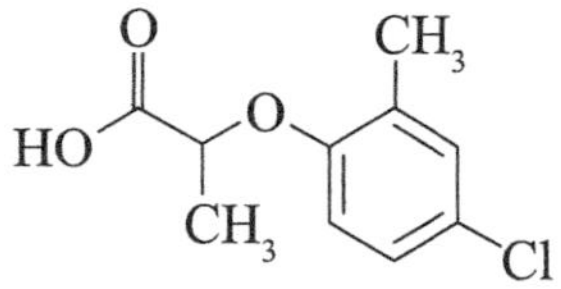

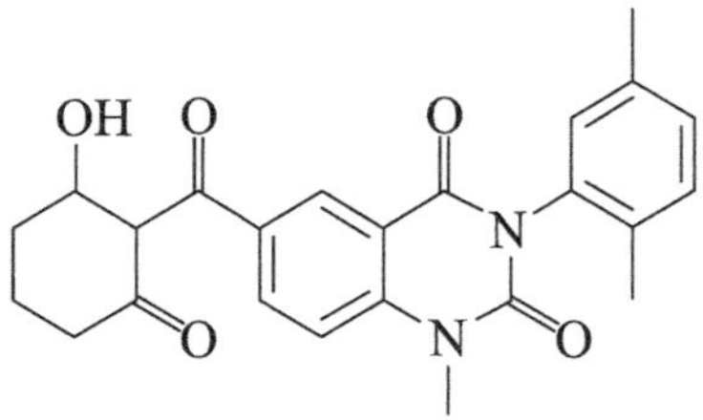

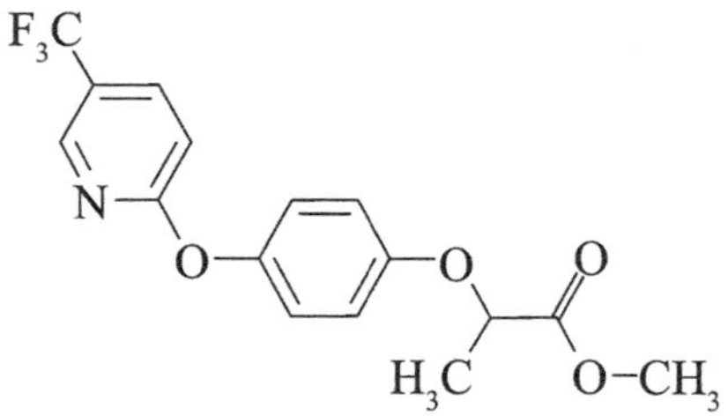

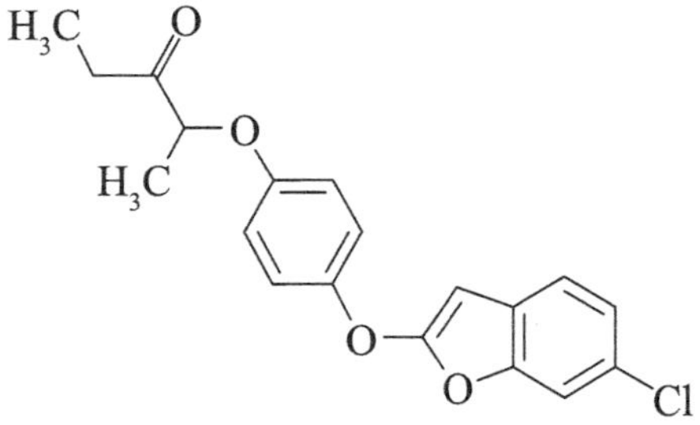

续表

除草剂

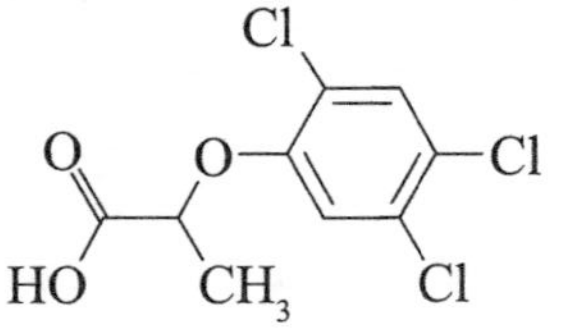

Fenoprop 涤丙酸	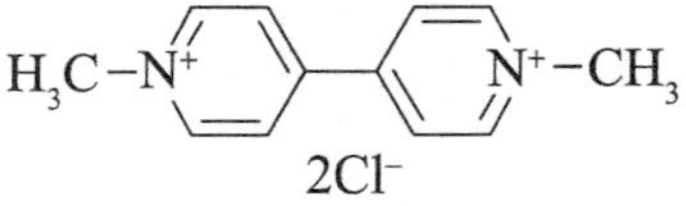 Paraquat 百草枯
Acetamiprid 啶虫脒	Albendazole（ABZ） 阿苯达唑
	Carbaryl 甲萘威

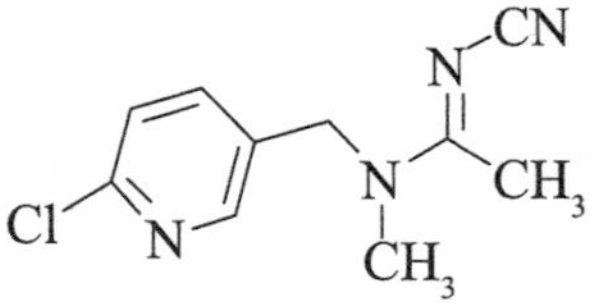

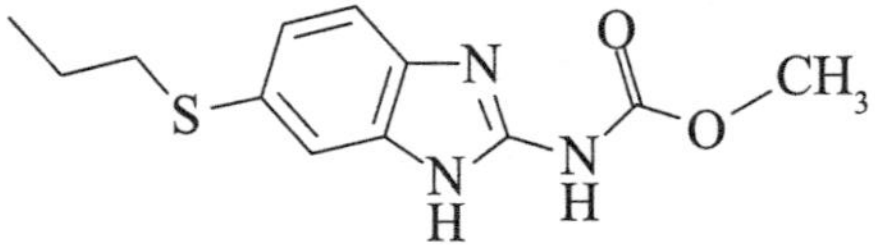

Fenoprop 涤丙酸

Paraquat 百草枯

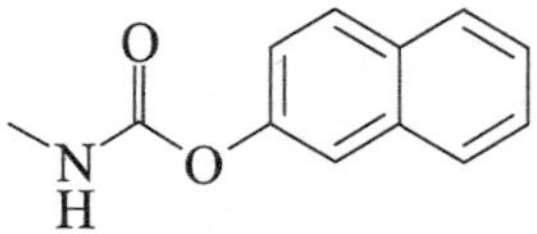

Carbaryl 甲萘威

Acetamiprid 啶虫脒

Albendazole（ABZ） 阿苯达唑

续表

除草剂

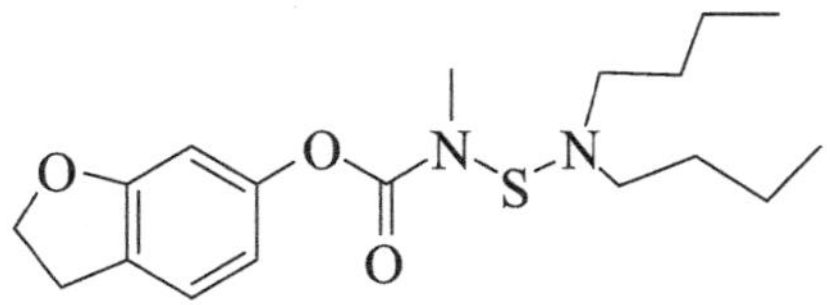 Carbosulfan 丁硫克百威	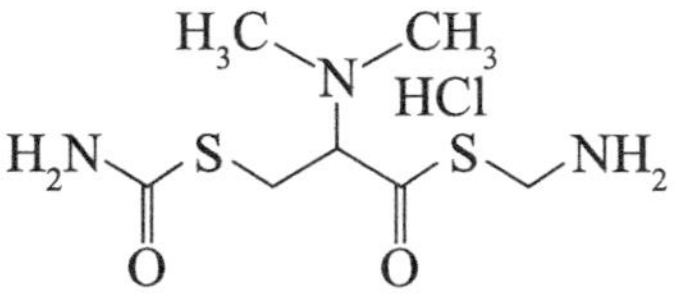 Cartap（CP） 杀螟丹	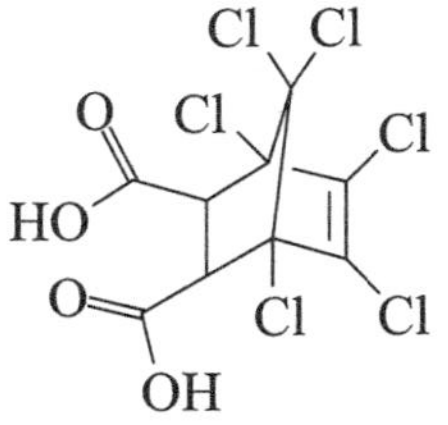 Chlorendic Acid 氯菌酸
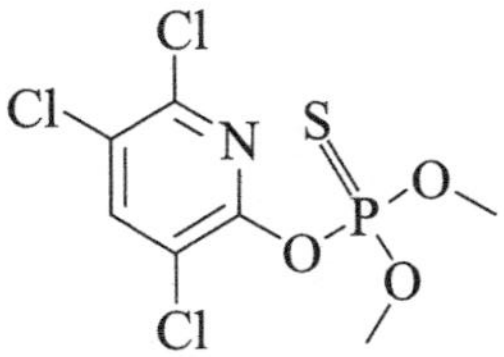 Chlorpyrifos-methyl 甲基毒死蜱	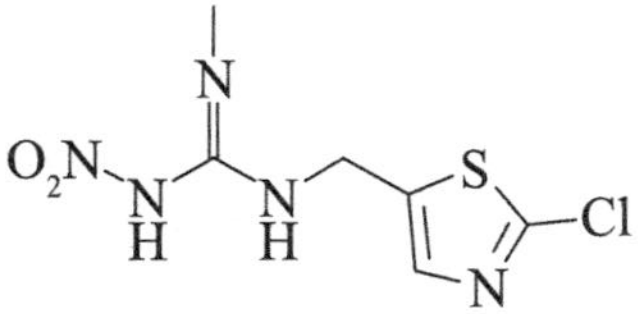 Clothianidin 噻虫胺	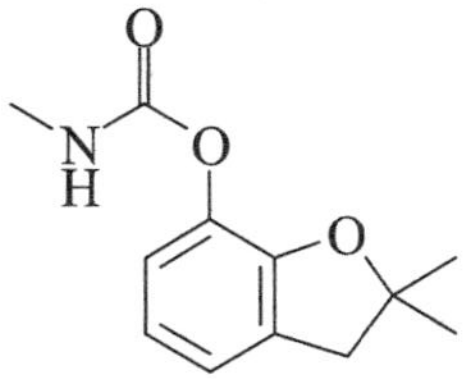 Carbofuran 克百威

续表

杀虫剂

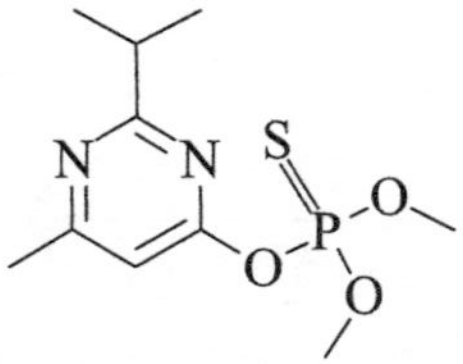

Dimethoate
乐果

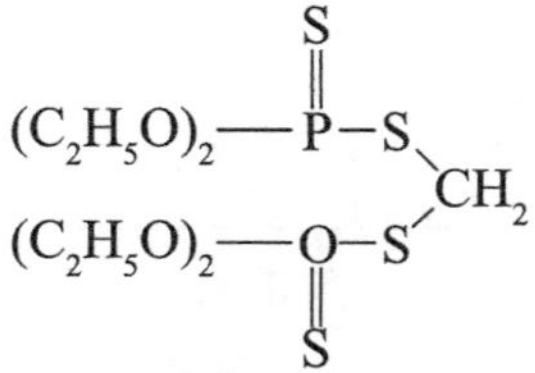

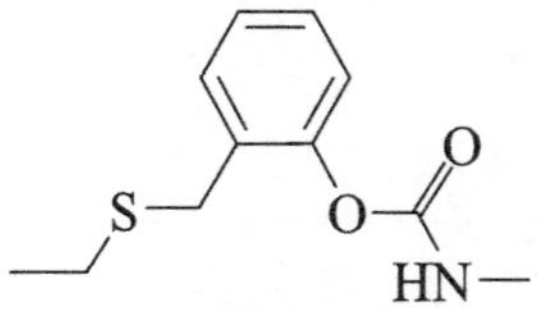

Ethiofencarb
杀虫丹

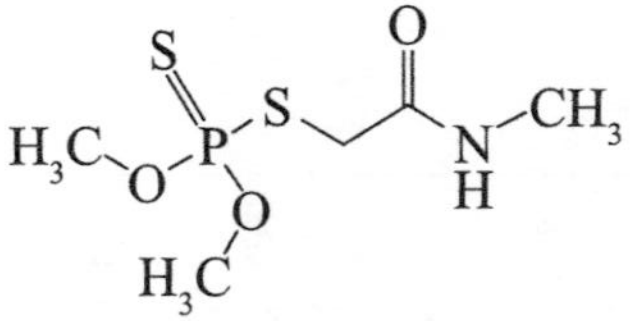

Diethion
乙硫磷

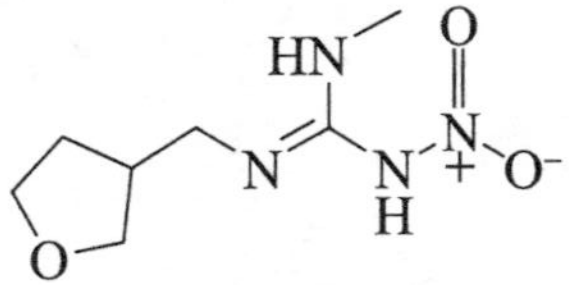

Diflubenzuron
除虫脲

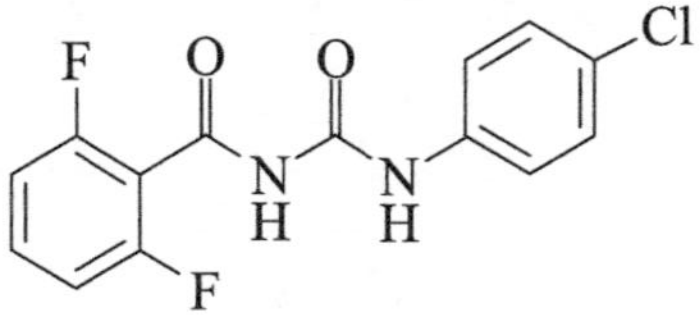

Diazinon
二嗪磷

Dinotefuran
呋虫胺

续表

杀虫剂

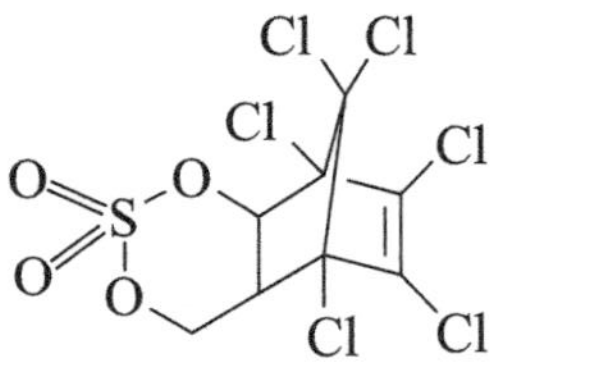

Dodine（DD）
多果定

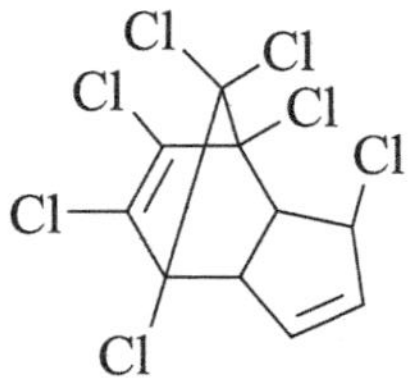

Heptachlor
七氯

Endosulfan
硫丹

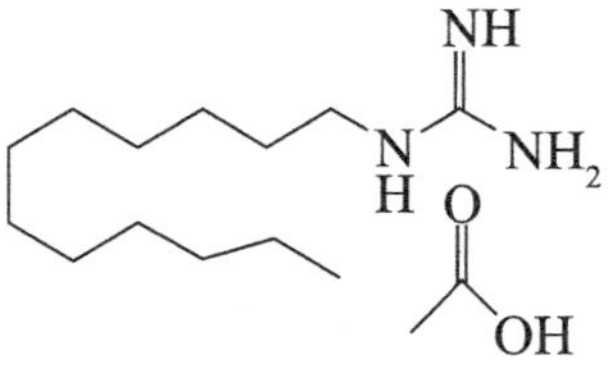

Fenthion-Ethyl
乙基倍硫磷

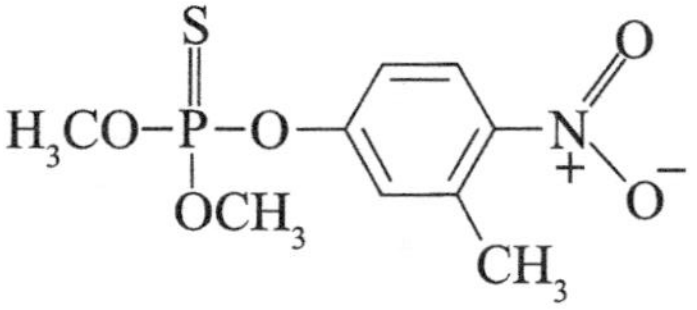

Endosulfan sulfate
硫酸硫丹

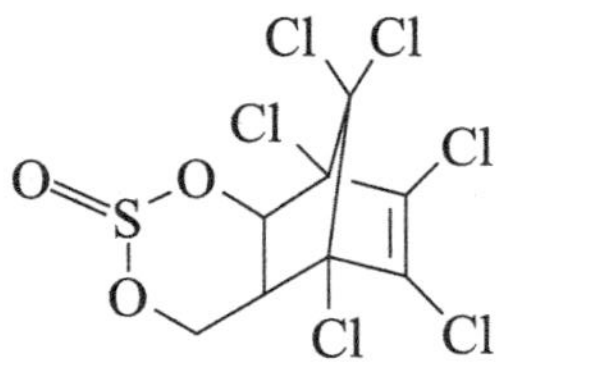

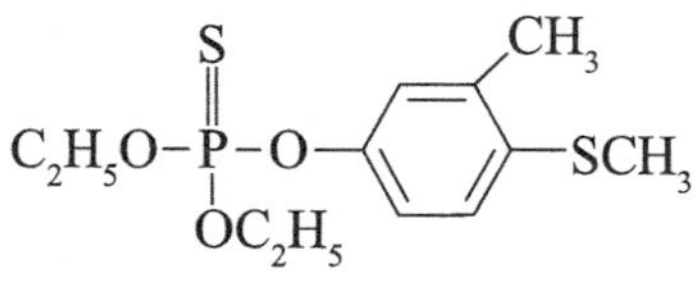

Fenitrothion
杀螟硫磷

续表

杀虫剂

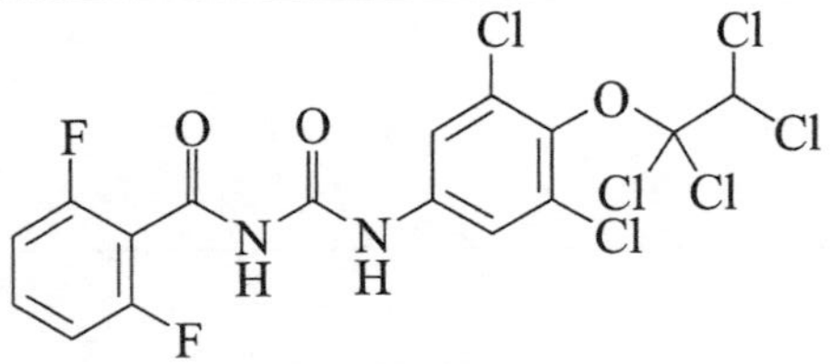

Flutriafol 粉唑醇	Imidacloprid 吡虫啉
Heptachlor epoxide 环氧七氯	Dietholate 增效磷
Hexaflumuron 氟铃脲	Hexachlorocyclohexane 六六六

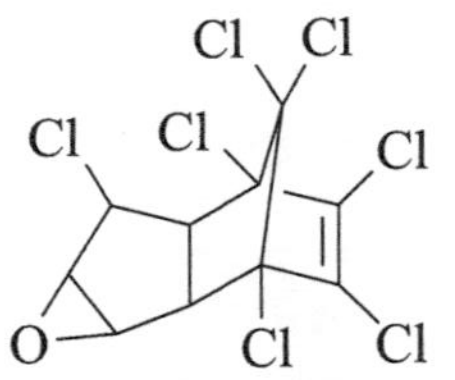

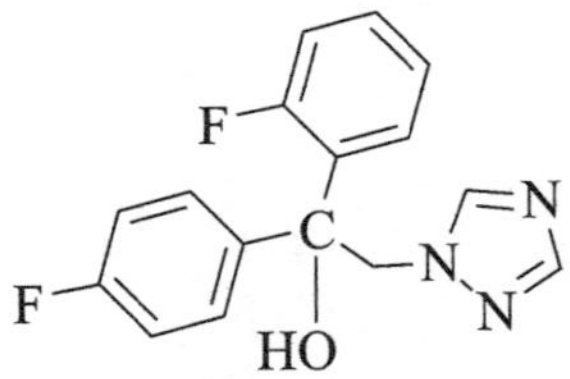

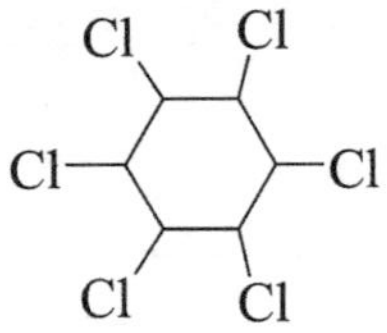

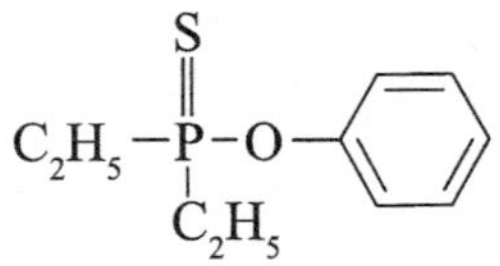

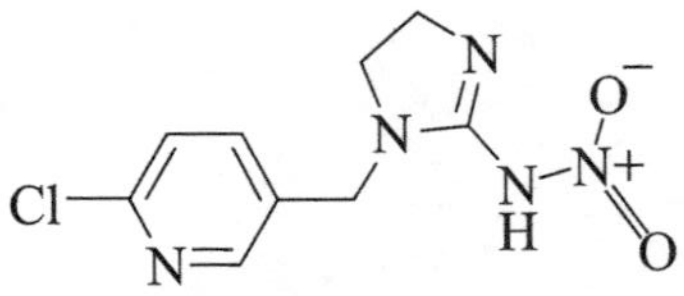

续表

杀虫剂

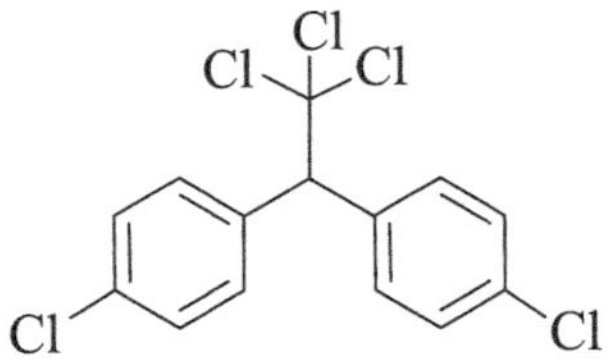 p,p'-DDT p,p'-滴滴涕	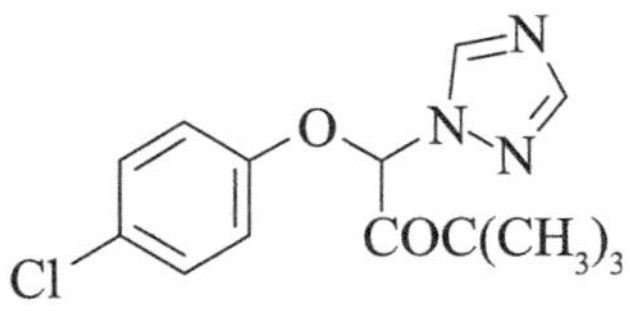 Triadimefon 三唑酮	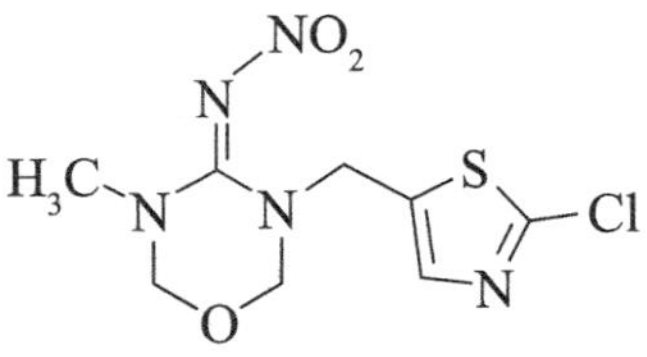 Thiamethoxam 噻虫嗪
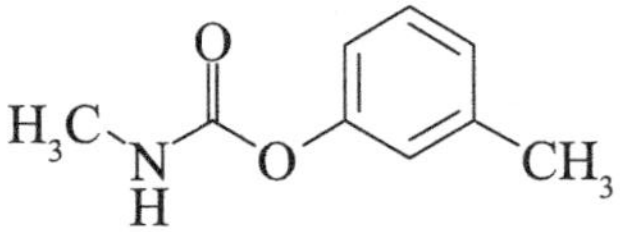 Metolcarb 速灭威	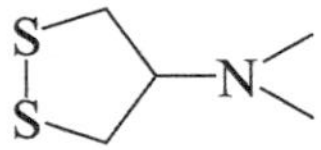 Nereistoxin (NTX) 沙蚕毒素	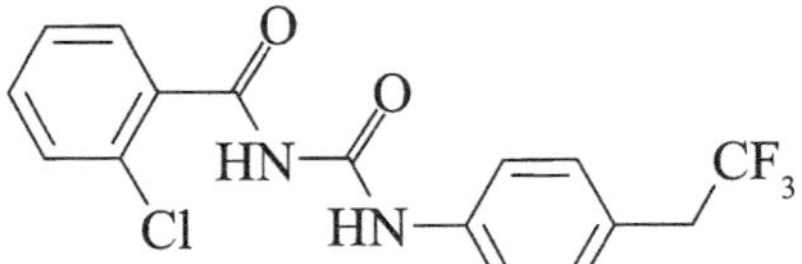 Triflumuron 杀铃脲
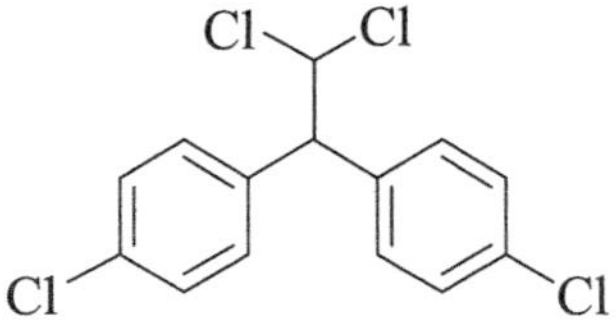 p,p'-DDD p,p'-滴滴滴	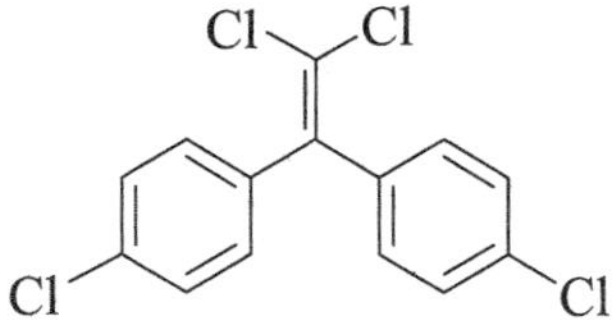 p,p'-DDE p,p'-滴滴 E	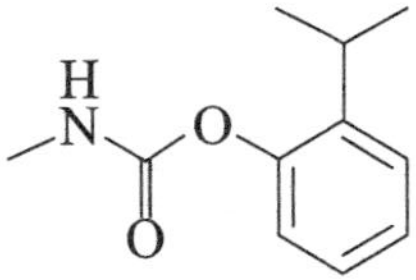 Isoprocarb 异丙威

续表

杀虫剂

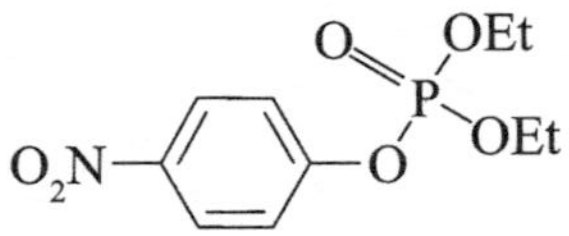 Paraoxon 对氧磷	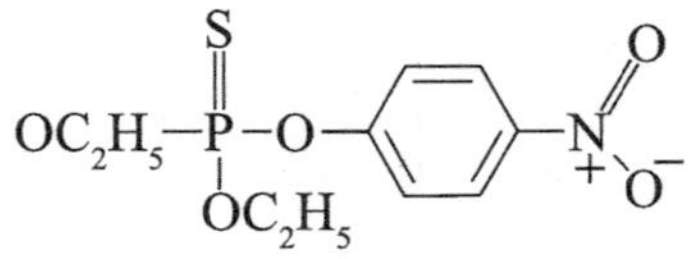 Parathion 对硫磷	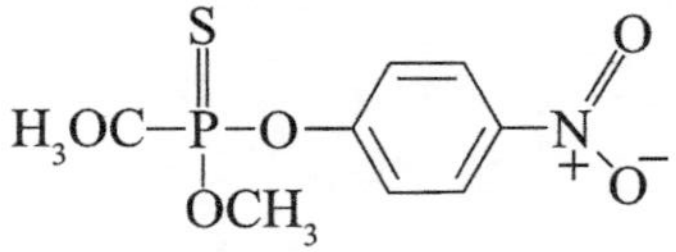 Parathion-methyl 甲基对硫磷
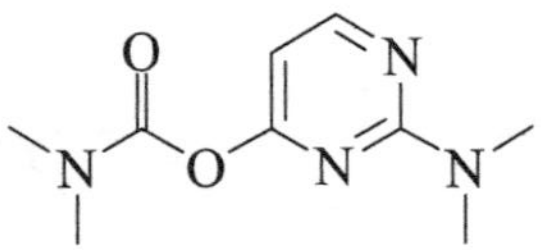 Pirimicarb 抗蚜威	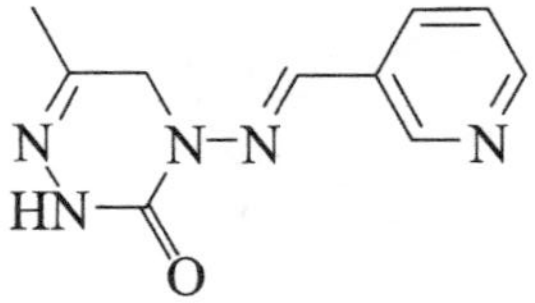 Pymetrozine 吡蚜酮	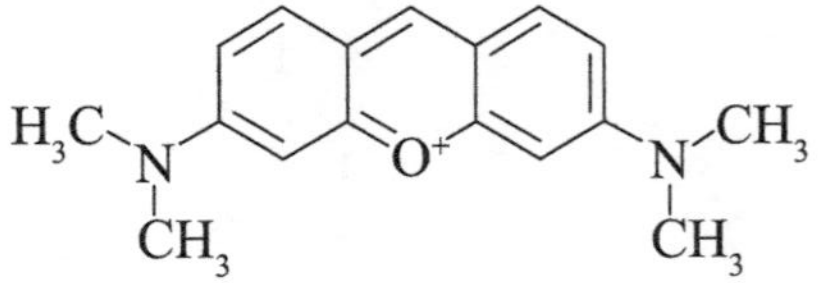 Pyronin Y（PyY） 派洛宁 Y
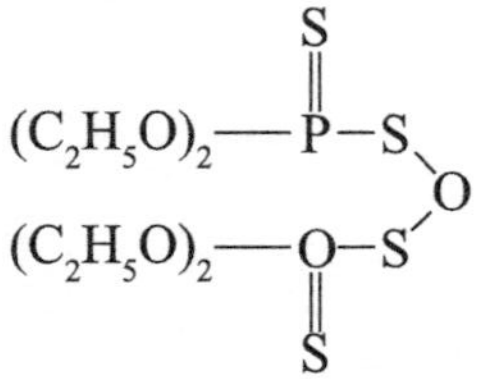 Sulfotep 治螟磷	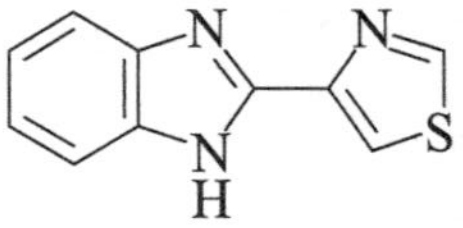 Thiabendazole 噻菌灵	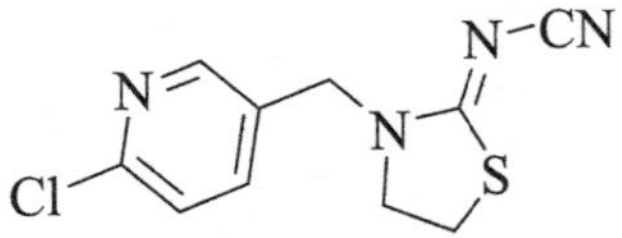 Thiacloprid 噻虫啉

续表

杀虫剂

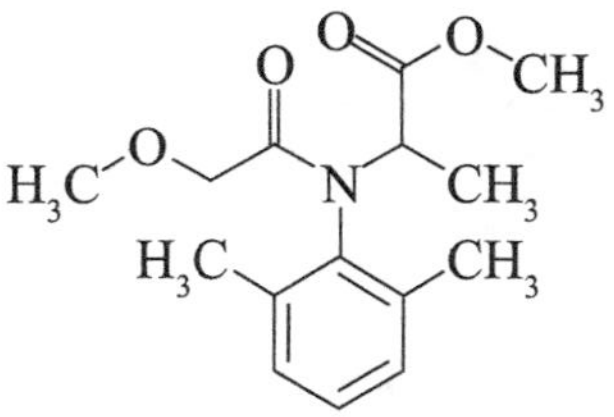

Bifenthrin
联苯菊酯

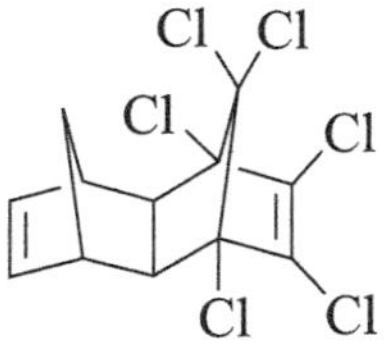

Aldrin
艾氏剂

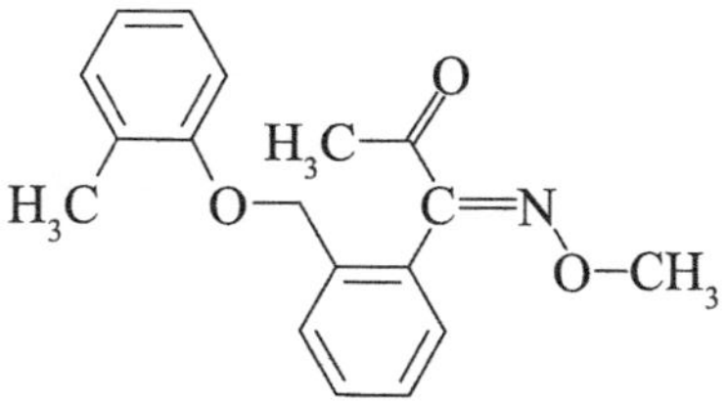

Kresoxim-methyl（KRE）
醚菌酯

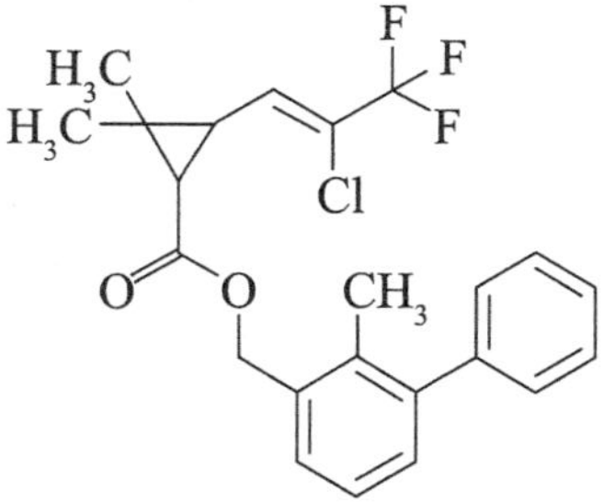

Nitrobenzene
硝基苯

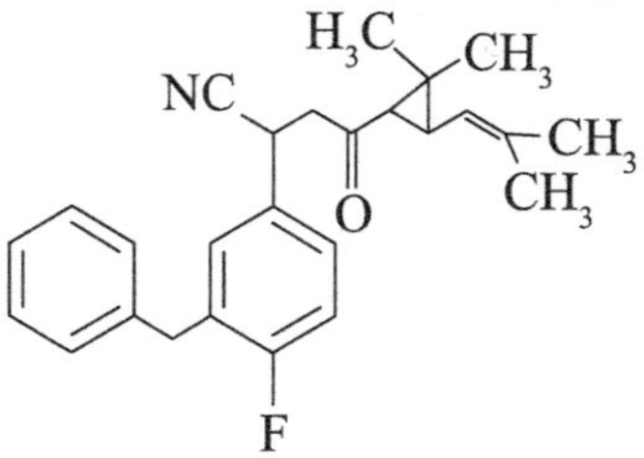

Metalaxyl（MET）
甲霜灵

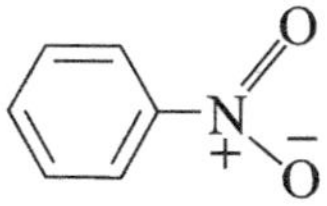

Cyfluthrin
氯氟氰菊酯

续表

杀菌剂

Tebuconazole 戊唑醇	Chlorothalonil 百菌清	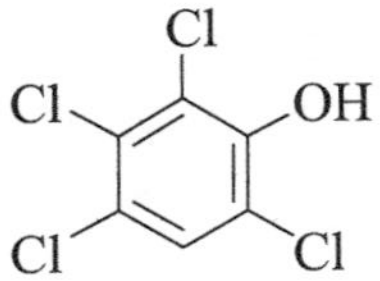 2,3,4,6-tetrachlorophen 2,3,4,6-四氯苯酚
Carboxin 萎锈灵	Carbendazim（CBZ） 多菌灵	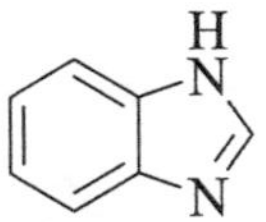 Benzimidazole（BZ） 苯并咪唑
Cyprodinil（CYR） 嘧菌环胺	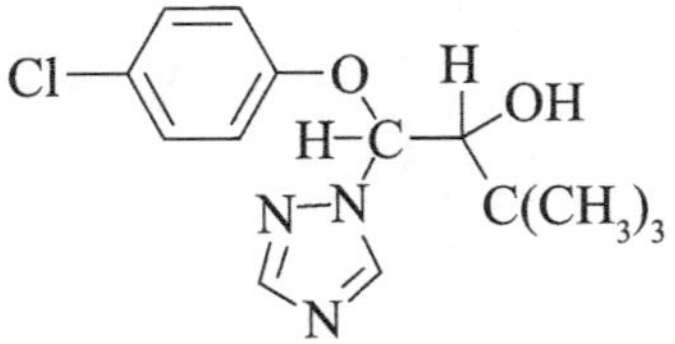 Triadimenol isomer A 三唑醇 A	Azaconazole 氧环唑

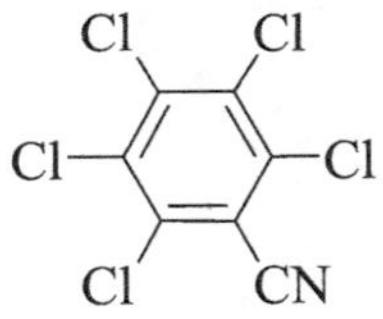

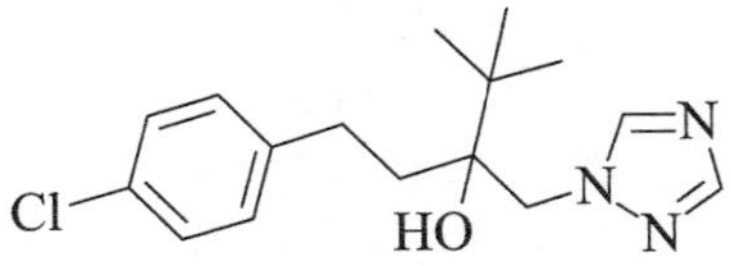

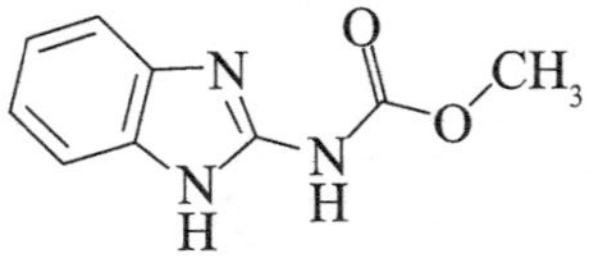

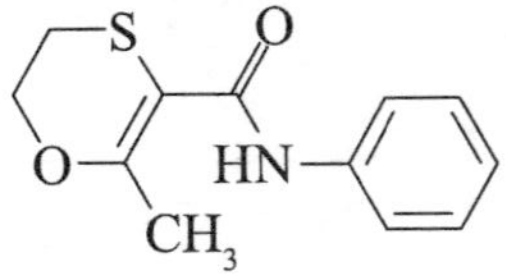

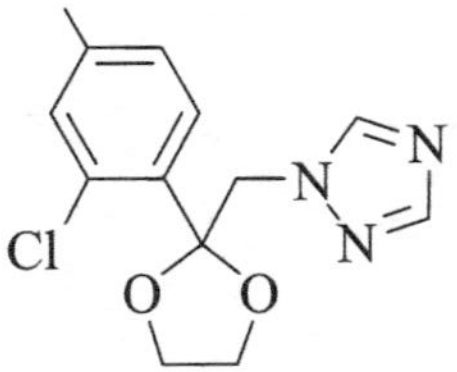

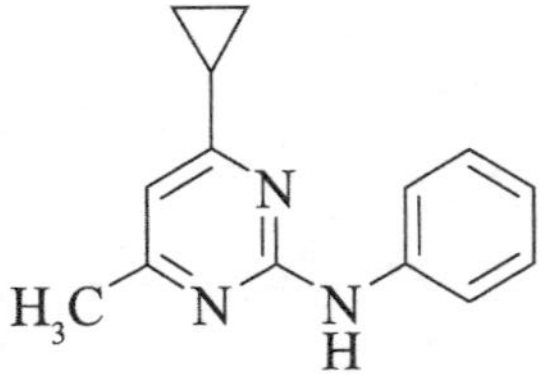

续表

杀菌剂

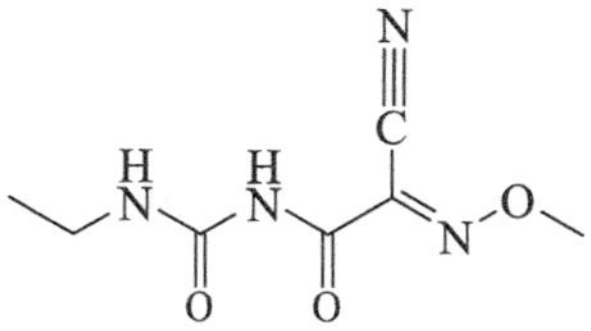

Fuberidazole（FBZ） 麦穗宁	Tricclazole 三环唑	Cymoxanil 霜脲氰
Benomyl 苯菌灵	Pyrimethanil（PYR） 嘧霉胺	Penconazole 戊菌唑

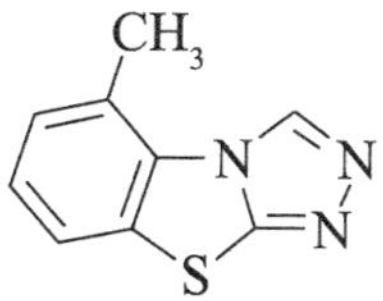

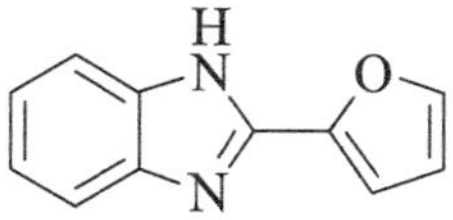

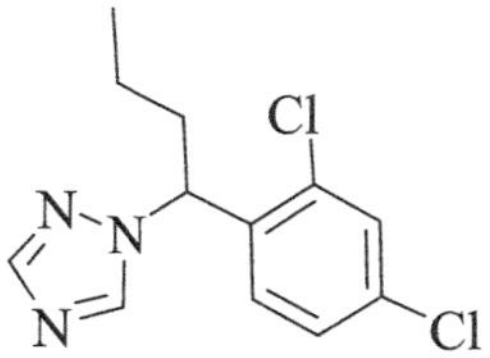

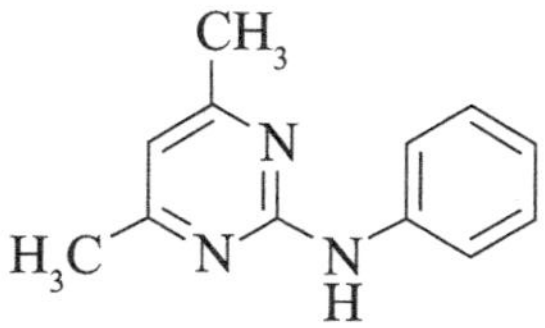

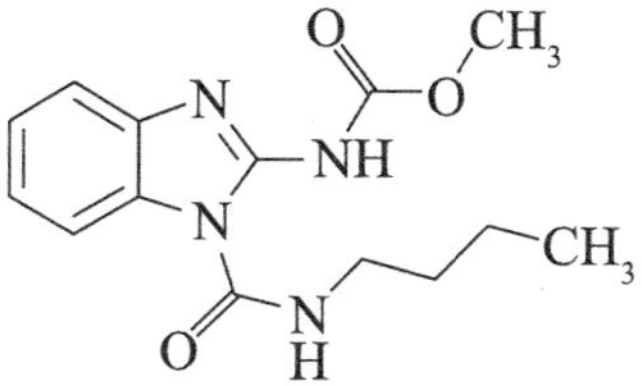

续表

杀菌剂		
Triflumizole（TRI） 氟菌唑	Flusilazole（FLU） 氟硅唑	Dimethomorph（DIM） 烯酰吗啉

植物生长调节剂		
Thidiazuron 噻苯隆	Forchlorfenuron 氯吡脲	β-Indoleacetic Acid 3-吲哚乙酸

续表

植物生长调节剂

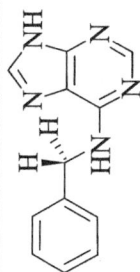

benzyladenine
苄氨基嘌呤